ES

Schriftenreihe für Verkehr und Technik

Band 95

Der Ausschreibungswettbewerb im Schienenpersonennahverkehr

Markteintrittsbarrieren und Anreizmechanismen bei der Vergabe von Leistungen im SPNV

Von Arne Beck

ERICH SCHMIDT VERLAG

Bibliografische Information der Deutschen Bibliothek

Die Deutsche Bibliothek verzeichnet diese Publikation in der Deutschen Nationalbibliografie; detaillierte bibliografische Daten sind im Internet über dnb.ddb.de abrufbar.

Weitere Informationen zu diesem Titel finden Sie im Internet unter
ESV.info/978 3 503 11423 8

ISBN 978 3 503 11423 8
ISSN 0340-9554

Dieses Papier erfüllt die Frankfurter Forderungen der Deutschen Bibliothek und der Gesellschaft für das Buch bezüglich der Alterungsbeständigkeit und entspricht sowohl den strengen Bestimmungen der US Norm Ansi/Niso Z 39.48-1992 als auch der ISO-Norm 9706.

Druck und Bindung: Strauss, Mörlenbach

Vorwort

Dieses Buch richtet sich an Interessierte aus Wissenschaft und Praxis, die sich näher mit den wirtschaftlichen Erfolgskriterien der Ausschreibung von Leistungen des Schienenpersonennahverkehrs (SPNV) befassen möchten. Ein gutes Jahrzehnt nach der Regionalisierung zeigen die Erfahrungen, dass mit der Nutzung dieses Instrumentes trotz signifikanter Einsparungen im Zuschussbedarf die Qualität für die Fahrgäste erheblich gesteigert werden kann, was auch die teilweise deutlichen Fahrgaststeigerungen belegen. Um diese Ergebnisse auch für die Zukunft zu sichern, gilt es einen lebendigen Betreibermarkt zu sichern und Fehlentwicklungen durch in den Vergabebedingungen enthaltene Fehlanreize zu vermeiden. Die verschiedentlich auch in Deutschland zu beobachtenden Misserfolge belegen, dass erfolgreiche Vergaben keine Selbstverständlichkeit sind. Vielmehr kommt der öffentlichen Hand in ihrer Rolle als Besteller der Verkehrsleistung zunehmend die Verantwortung zu, den Wettbewerb aktiv zu gestalten und sich auf diese Weise das Gewinnstreben der Unternehmen zum Wohle der Allgemeinheit zu Nutze zu machen.

Ziel dieses Buches ist es, dem Leser ein ganzheitliches Bild des wettbewerblichen SPNV-Marktes und seiner Gestaltungsmöglichkeiten aus Sicht der Aufgabenträger zu vermitteln. Die Grundlage bilden die Ergebnisse der wirtschaftswissenschaftlichen Forschung. Interessierten aus der Wissenschaft möge dieses Werk als inhaltliche und methodische Einführung in den SPNV-Markt mit ökonomischem Schwerpunkt dienen. Praktikern aus Ministerien und von Aufgabenträgern werden neben einer Einführung umfassende Hinweise für die Hebung weiterer Verbesserungspotenziale bei der wettbewerblichen Vergabe im SPNV geboten. Für Betreiber bietet das Werk eine Übersicht der wirtschaftlichen Einflussfaktoren bei SPNV-Vergaben, die als einführende Grundlage für die Kalkulation von Angeboten im SPNV dienen kann. Ein besonderer Schwerpunkt wird auf die Vermeidung von Risiken (und deren Kosten) sowie auf die Anreizgestaltung gelegt.

Das Werk ist in vier inhaltliche Kapitel gegliedert. Es beginnt zunächst mit einer allgemeinen Darstellung der wesentlichen Rahmenbedingungen des deutschen SPNV-Marktes aus verkehrswirtschaftlicher, volkswirtschaftlicher und rechtlicher Sicht. Anschließend werden die ökonomischen Grundlagen für eine Beurteilung der Markteintrittsbarrieren und der Anreizmechanismen erläutert, wobei die gewonnenen Erkenntnisse stets mit einer Anwendung auf den SPNV dargestellt werden. Darauf aufbauend werden Kriterien entwickelt, um die bislang in Deutschland durchgeführten SPNV-Vergaben beurteilen zu können. Abschließend erfolgt eine empirische Untersuchung von 30 Vergabeverfahren des deutschen SPNV. Basierend auf den Ergebnissen von 35 Indikatoren und 1.050 Einzeldaten fördert die Untersuchung deutliche Verbesserungspotenziale im Bereich der bislang in Deutschland durchgeführten SPNV-Ausschreibungen zu Tage.

Im Gegensatz zu den meisten anderen Untersuchungen konnten dabei Primärdaten, also Ausschreibungsunterlagen und Originaldaten zu Ausschreibungsergebnissen, verwendet werden. Diese wurden dankenswerterweise zumeist von den Aufgabenträgern für diese Untersuchung zur Verfügung gestellt oder konnten vor Ort beim Aufgabenträger eingesehen werden. Für die Einordnung der darauf aufsetzenden empirischen Analyse konnten darüber hinaus Einschätzungen von mit SPNV-Ausschreibungen befassten Experten der Aufgabenträger, Betreiber und Beratungshäuser in Interviews aufgenommen werden. Gerade diese Einschätzungen ermöglichten es, die Erkenntnisse aus der Aufbereitung der ökonomischen Theorie und aus der empirischen Analyse an den Erfahrungen der Praxis zu spiegeln. Hierfür soll allen Interviewten an dieser Stelle ein besonderer Dank ausgesprochen werden.

Die hier präsentierten Forschungsergebnisse basieren auf einer im Jahre 2005 erstellten Untersuchung am Lehrstuhl für Innovations-, Wettbewerbs- und Neue Institutionenökonomik am Institut für Volkswirtschaftslehre der Christian-Albrechts-Universität zu Kiel. Die im Rahmen einer freien wissenschaftlichen Arbeit erstellte Untersuchung wurde als Diplomarbeit im Fach Volkswirtschaftslehre anerkannt und mit dem Erich-Schneider-Forschungspreis und dem Max-Brauer-Preis für Begabtenförderung ausgezeichnet.

Mein Dank gilt allen, die mich mit ihren kritischen Anregungen, bei der Informationsaufnahme oder auf andere Weise unterstützt haben. Mein besonderer Dank gilt meiner Frau Marianne Trede-Beck für ihre Geduld und Unterstützung; Florian Niebur für seine unzähligen Verbesserungsvorschläge und die wichtigen Diskussionen; Sabine Sontopski und Sven Paasch für die akribischen Durchsichten; Herrn Dr. Joachim Laeger für die Unterstützung bei der Informationsaufnahme; Sascha Frohwerk für die zahlreichen Hilfen in höchster Not; Herrn Bernhard Wewers, Herrn Hartmut Achenbach, Herrn Wolfgang Seyb, Carsten Carstensen, Holger Michelmann und Johann von Aweyden für die umfangreichen Expertengespräche; Herrn Prof. Dr. Till Requate für die mir gewährte Freiheit bei der Erarbeitung der Untersuchung sowie meinen Eltern für die allseits gewährte Unterstützung in allen Lebenslagen. Ein weiterer besonderer Dank geht an die KCW GmbH und Christoph Schaaffkamp, die mich in die Untiefen des ÖPNV-Marktes eingeführt und die Informationsaufnahme vielerorts erst ermöglicht haben.

Ohne die Hilfe der vielen Unterstützerinnen und Unterstützer wäre dieses Werk wohl niemals in der vorliegenden Qualität entstanden. Alle verbliebenen Fehler gehen natürlich voll zu meinen Lasten. Und da sich sicherlich einige Fehler eingeschlichen haben, bin ich für Hinweise hierauf und auf mögliche Verbesserungen unter arne.beck@gmx.de sehr dankbar.

Berlin, im Juli 2008   Arne Beck

Inhaltsverzeichnis

Abkürzungsverzeichnis

AEG	Allgemeines Eisenbahngesetz
Ag	Agent
AKN	AKN Eisenbahn AG
Am	Ausschreibung m mit m = 1, … , 30
BAG-SPNV	Bundesarbeitsgemeinschaft der SPNV-Aufgabenträger
BGBl.	Bundesgesetzblatt
Connex	Connex Verkehr GmbH
DB	Deutsche Bahn AG
DBb	Deutsche Bundesbahn
DR	Deutsche Reichsbahn
EU-Amtsblatt	Amtsblatt der Europäischen Union
GB	Großbritannien
H	Hypothese
H^E	Hypothese zum Erlösrisiko
HHA	Hamburger Hochbahn AG
H^P	Hypothese zum Kostensteigerungsrisiko
KAfzg	Kriterium Fahrzeuge
KAnfr	Kriterium Anfrager
KAngf	Kriterium Angebotsfrist
KBetv	Kriterium Betriebsvorbereitung
KBiet	Kriterium Bieter
KBinf	Kriterium Bindefrist
KBoma	Kriterium Bonus-Malus
KEigt	Kriterium Eigentumstransfer
KErlr	Kriterium Erlösrisiko
KFzgp	Kriterium Fahrzeugpool
KGebz	Kriterium Gebotsbewertung
KGfzg	Kriterium Gebrauchte Fahrzeuge
KInfa	Kriterium Investitionsförderung alt
KInvf	Kriterium Investitionsförderung neu
KLosa	Kriterium Lose
km	Kilometer
KMoni	Kriterium monitoring
KNeba	Kriterium Nebenangebote
KNges	Kriterium Netzgröße
KNinf	Kriterium Nachfrageinfos
KPrex	Kriterium Preis exklusive Infrastrukturkosten
KPrgl	Kriterium Preisgleitklausel
KPrin	Kriterium Preis inklusive Infrastrukturkosten
KQusp	Kriterium Qualitätsspielraum
KRepu	Kriterium Reputation
KSchl	Kriterium Schlichtung
KScre	Kriterium screening
KSich	Kriterium Sicherheitsleistung

KStra	Kriterium Streckenart
KSubu	Kriterium Subunternehmer
KVerf	Kriterium Verfahrensart
KVerl	Kriterium Vertragsverlängerung
KVert	Kriterium Vertragsart
KVlzt	Kriterium Laufzeit
KZges	Kriterium Zugkm
Na	Natur
NE-Bahnen	Nicht bundeseigene Eisenbahnen als Konkurrenten der DB
NOK	Norwegische Kronen
ÖPNV	Öffentlicher Personennahverkehr
ÖSPV	Öffentlicher Straßenpersonennahverkehr
PBefG	Personenbeförderungsgesetz
Pr	Prinzipal
RegG	Gesetz zur Regionalisierung des öffentlichen Personennahverkehrs
SPNV	Schienenpersonennahverkehr
Veolia	Veolia Verkehr GmbH
VOL/A	Verdingungsordnung für Leistungen Teil A
Zugkm	Zugkilometer pro Jahr

Symbolverzeichnis

a	Anstrengungsniveau eines Unternehmens bzw. Agenten
$a*$	Optimales Anstrengungsniveau a aus Sicht des Prinzipals
$C(.)$	Kostenfunktion, abhängig von ...
$C(y^i)$	Kostenfunktion des Unternehmens i, abhängig vom Output y^i
$C(y^M)$	Kostenfunktion des Monopolisten, abhängig vom Output y^M
C^{NE}	Kosten bei Nichterfüllung des zu Grunde liegenden Vertrages
C^{VE}	Kosten bei Vertragserfüllung
e	Koeffizient für $KErlr$
$E(U)$	Erwarteter Nutzen
$E[.]$	Erwartungswert von …
GE	Grenzerlöse
GK	Grenzkosten
K	Investiertes Kapital
$KBiet$	Anzahl der Bieter als zu erklärende Variable in der Schätzgleichung
$KErlr$	Variable zum Erlösrisiko als erklärende Variable in der Schätzgleichung
$KErlr*$	Wahrer Wert für $KErlr$
$KPrgl$	Variable zur Preisgleitklausel als erklärende Variable in der Schätzgleichung
$KPrgl*$	Wahrer Wert für $KPrgl$
M	Monopolist
n	Anzahl der Unternehmen in einer Branche
N	Bieteranzahl
p	Koeffizient für $KPrgl$
R	Risikoprämie
r	Zins bzw. Kapitalmarktzins
R^2	Bestimmtheitsmaß
S_i	Privates Signal eines Bieters i
S_j	Privates Signal eines Bieters $j \neq i$
U	Nutzen des Unternehmens
u	Störterm
$U(.)$	Nutzenfunktion eines Wirtschaftssubjektes, abhängig von …
U^A	Nutzen des Unternehmens aus einer alternativen Geschäftsmöglichkeit
ui	Störterm des Signals für i
v	Wertschätzung des Bieters i über den tatsächlichen Wert $V*$
$V*$	Tatsächlicher Wert eines Auktionsobjektes
y	Output eines beliebigen Unternehmens
y^i	Output bzw. Outputvektor des Unternehmens i
y^M	Output des Monopolisten
Z	Fixer Zuschuss
$z(.)$	Bezahlungsfunktion, abhängig von …
Z^{VE}	Zuschuss bei Vertragserfüllung
$E(\pi)$	Erwarteter Gewinn
$E(\pi^V)$	Erwarteter Gewinn nach Erfolg im Vergabeverfahren
ΔC	Kostensenkungspotenzial
π	Gewinn

π^{NE}	Gewinn bei Nichterfüllung des zu Grunde liegenden Vertrages
π_s	Sicherheitsäquivalent
π^{VE}	Gewinn bei Vertragserfüllung
c	Maximal mögliche Ausprägung der Zufallsvariable (bzw. des privaten Signals) in eine Richtung um den tatsächlichen Wert eines Auktionsobjektes V^*

Abbildungs- und Tabellenverzeichnis

Abbildungen

Tabellen

Einleitung

Der Verkehrsmarkt in Deutschland wie in Europa war über Jahrzehnte hinweg hochgradig reglementiert. Insbesondere die dramatische Lage der öffentlichen Haushalte, aber auch die Verwirklichung des europäischen Binnenmarktes, verstärkten im vergangenen Jahrzehnt Bestrebungen zur Implementierung wettbewerblicher Elemente im Schienenpersonennahverkehr.

Im deutschen Schienenpersonennahverkehr (SPNV) wurde seit der Regionalisierung im Jahre 1996 erst ein begrenzter Anteil der Verkehrsleistungen über öffentliche Ausschreibungen vergeben. Die zuvor teilweise hohen Subventionszahlungen konnten im Zuge dessen regelmäßig reduziert werden.[1] Gleichzeitig stieg die Qualität der Verkehrsleistung aus Sicht des Fahrgastes an und es konnten nach Betriebsaufnahme durch den Gewinner der Ausschreibung häufig erhebliche Fahrgaststeigerungen realisiert werden.[2]

Die Erfahrungen des europäischen Auslandes zeigen jedoch, dass die Kostensenkungspotenziale in der beobachteten Höhe lediglich einmalig zu realisieren sind. So ist in Schweden und Dänemark im Anschluss an eine anfänglich starke Absenkung der Subventionszahlungen im ÖPNV bereits ein leichter Anstieg zu beobachten gewesen.[3] Gleichzeitig besteht zumindest die Gefahr einer fallenden Qualität der Verkehrsleistung, was insbesondere in Großbritannien zu Problemen führte.[4]

Um den Wettbewerb im Sinne der öffentlichen Hand auszugestalten und Fehlentwicklungen zu verhindern, empfiehlt die ökonomische Theorie die Verwendung von Anreizmechanismen. Mehr als ein Jahrzehnt nach der ersten wettbewerblichen Vergabe von Leistungen des Schienenpersonennahverkehrs in Deutschland stellt sich die Frage, ob die bislang durchgeführten Ausschreibungen in dieser Hinsicht optimal ausgestaltet wurden.[5] Das vorliegende Werk geht dieser Frage nach und betrachtet Vergabeverfahren des deutschen Schienenpersonennahverkehrs im Rahmen einer empirischen Analyse. Dabei wird untersucht, ob die bislang durchgeführten Ausschreibungen aus Sicht der Wettbewerbs- und Neuen Institutionenökonomik optimal ausgestaltet wurden oder ob Potenzial für Fehlallokationen besteht. Zusätzlich zu den Empfehlungen von Borrmann (2003a), der sich insbesondere der Gewährleistung einer ausreichenden Qualität der Verkehrsleistung widmete, wer-

---

[1]   Vgl. unter anderem Schnell (2001, S. 331 f.). Holzhey et al. (2004, S. 17 – 20) weisen auf Reduktionen von bis zu 44 Prozent hin.

[2]   Vgl. Beck et al. (2007) oder alternativ Beck und Kühl (2007).

[3]   Vgl. Palm (2001, S. 32 – 38).

[4]   Vgl. Casson (2004, S. 199 – 205).

[5]   Vgl. Schnell (2001, S. 325) sowie Laeger (2004, S. 261) zur ersten wettbewerblichen Vergabe.

den in dieser Arbeit die Aspekte zur Generierung eines intensiven Wettbewerbs und zur Vermeidung von Markteintrittsbarrieren im Vergabeverfahren näher betrachtet.

Die so gewonnenen Ergebnisse werden in den Gesamtkontext der ökonomisch-theoretischen wie auch der verkehrswirtschaftlichen Forschung eingeordnet. Eine besondere Berücksichtigung finden dabei die Ergebnisse von Untersuchungen im Bereich der Ausschreibungen von Leistungen im deutschen SPNV, sofern diese als wissenschaftliche Ausarbeitungen verfügbar waren.

Als wichtige Literaturquellen im Bereich der ökonomischen Theorie müssen die Arbeiten von Lehmann (1999 und 2000) und Borrmann (2003a) genannt werden. Insbesondere Borrmann (2003a) widmete sich in seinem Werk ausführlich den ökonomischen Anreizmechanismen im Schienenpersonennahverkehr im Rahmen einer modelltheoretischen Analyse auf Basis der Vertrags- und Auktionstheorie. Eine eher deskriptiv-analytische Betrachtung deutscher SPNV-Vergabeverfahren existiert von Schnell (2001). Als bislang wohl umfassendste Betrachtung deutscher SPNV-Vergabeverfahren aus Sicht der Praxis ist darüber hinaus die Arbeit von Laeger (2004) zu erwähnen.

Neben diesen Ausarbeitungen existieren zwei jüngere Betrachtungen der Ausschreibungstätigkeit im deutschen SPNV von Lalive und Schmutzler (2007) sowie Peter (2008), die ihre Erkenntnisse auf Ergebnisse von Interviews und Fragebögen stützen konnten. Diese Arbeiten lagen erst nach Abschluss der Untersuchung vor und konnten nicht mehr berücksichtigt werden.

Die hier vorgelegte Untersuchung beginnt zunächst mit einer Beschreibung der wesentlichen Rahmenbedingungen des SPNV-Marktes. Dabei werden sowohl die ökonomischen Grundlagen dargestellt als auch die Spezifika des deutschen SPNV-Marktes erläutert. Anschließend erfolgt eine Darstellung der Grundlagen ökonomischer Anreizmechanismen. Diese wird ergänzt um eine Betrachtung des Wettbewerbs im Vergabeverfahren und um eine Darstellung der Informationsasymmetrie. Zusammen mit einer Skizzierung wohlfahrtsmaximierender Anreizmechanismen bilden die gewonnenen Erkenntnisse die Grundlage für die Entwicklung eines Kriterienkataloges zur Untersuchung von SPNV-Vergabeverfahren. Geprüft wird, inwieweit die Vergabebedingungen deutscher SPNV-Vergaben konsistent mit den Empfehlungen der ökonomischen Theorie sind und wo gegebenenfalls weiteres Potenzial für eine Verbesserung der Vergabeverfahren besteht.

Um den Lesefluss zu erleichtern, werden im Zuge der Darstellungen wesentliche Annahmen zu Beginn eines Unterabschnittes wiederholt. Die in der wirtschaftswissenschaftlichen Forschung unvermeidbare formale Erläuterung des Sachzusammenhangs mittels Formeln wurde bewusst begrenzt gehalten. Gleichzeitig wurden die verbalen Erläuterungen so ausgestaltet, dass dem geneigten Leser ein Überspringen der Formeln in den meisten Fällen möglich ist. Ein Stichwortverzeichnis im Anhang erleichtert darüber hinaus den Zugriff auf die Erläuterungen einzelner Fachbegriffe.

Kapitel I: Einführung in den SPNV-Markt

Dieses Kapitel gibt einen Überblick über wesentliche ökonomisch-theoretische, verkehrswirtschaftliche und rechtliche Rahmenbedingungen der Ausschreibungen im deutschen Schienenpersonennahverkehr. Hierfür erfolgt zunächst eine Einordnung des SPNV-Marktes in den Gesamtverkehrsmarkt. Im Anschluss an eine Überprüfung der Monopolstellung des SPNV werden die in Europa üblichen Wettbewerbsformen erläutert. Im zweiten Unterabschnitt wird die rechtliche und ökonomische Entwicklung des Wettbewerbs im deutschen SPNV-Markt skizziert. Das Kapitel schließt mit einer Beschreibung der Vergabeverfahren.

1. Ökonomische Rahmenbedingungen
1.1 Verkehrsmarkt

Werner (1998, S. 10) definiert den Verkehrsmarkt als Ort, an dem die Gesamtnachfrage nach Ortsveränderungen und das Gesamtangebot an Verkehrs(dienst-)leistungen aufeinandertreffen. Innerhalb des Gesamtmarktes existiert auf den jeweiligen Teilmärkten Substitutionskonkurrenz zwischen den Verkehrsmitteln bzw. Subsystemen, wie Abbildung 1 unten zeigt. Die Darstellung bezieht sich dabei auf den Personenverkehr.

Der öffentliche Verkehr kann im Nahbereich durch Rad- und Fußverkehr substituiert werden. Der motorisierte Individualverkehr, wie zum Beispiel Auto und Motorrad, wirkt substituierend sowohl im Nahverkehr als auch im Regional- und Fernverkehr. Mit dem Luftverkehr muss der öffentliche Verkehr nach dieser Darstellung nur im Fernverkehr konkurrieren.

Diese Arbeit konzentriert sich auf den SPNV als Subsystem des öffentlichen Verkehrs, der insbesondere im Markt des Nah- und Regionalverkehrs von Bedeutung ist. Dabei ist der Schienenpersonennahverkehr vom öffentlichen Straßenpersonennahverkehr (ÖSPV) abzugrenzen. Der Wettbewerb zwischen den Subsystemen (intermodaler Wettbewerb) wird nicht näher betrachtet.

Abbildung 1: Teilmärkte und Subsysteme im Verkehrsmarkt

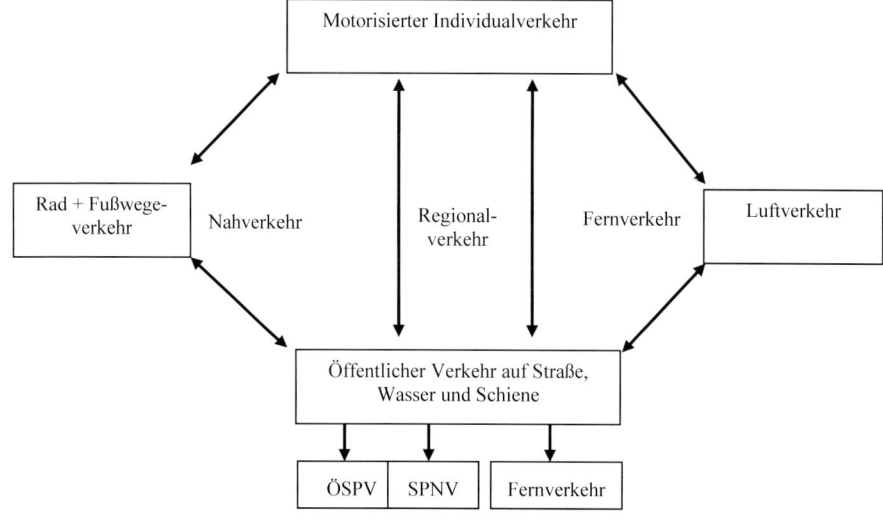

Quelle: Eigene Darstellung in Anlehnung an Werner (1998, S. 11)

1.2 Der SPNV als natürliches Monopol

Als pareto-optimal gilt in der Wirtschaftstheorie grundsätzlich die Güterallokation, die auf Märkten mit funktionierendem Wettbewerb entsteht. Durch eine über den Wettbewerbsprozess entstehende optimale Güterversorgung wird eine Maximierung des Gemeinwohls erreicht.[6]

Wenngleich die ökonomische Theorie den freien Wettbewerb grundsätzlich als bestmögliche Marktform ansieht, muss für einige Wirtschaftsbereiche ein Versagen der freien Marktkräfte festgestellt werden. Obwohl in diesen Sektoren grundsätzlich ein freier Wettbewerb existiert, entsteht kein funktionierender Markt. Das tatsächliche Marktergebnis weicht hier von einem Ergebnis, das mit Hilfe des Referenzmodells der vollkommenen Konkurrenz abgeleitet wurde, teilweise massiv ab. Eine optimale Allokation der Güter ist in solchen Fällen nicht gewährleistet. Dieses Marktversagen tritt unter anderem bei der Existenz eines natürlichen Monopols auf. Gründe für ein solches Monopol können zum Beispiel ungewöhnlich hohe Fixkosten sein, die zumindest kurzfristig zur Entstehung von Marktaustritts- bzw. Marktzutrittsbarrieren führen.[7]

---

[6] Vgl. Mankiw (2004, S. 165 – 167) zur optimalen Güterversorgung im freien Markt sowie Varian (2003, S. 306) zum funktionierenden Wettbewerb als pareto-optimalen Markt.

[7] Vgl. Snethlage (2001, S. 46) sowie Mankiw (2004, S. 319 f.).

Borrmann und Finsinger (1999, S. 122 f.) definieren eine Industrie bzw. einen Teilmarkt als ein natürliches Monopol, wenn „die Kostenfunktion im gesamten relevanten Bereich ... subadditiv ist". Dies ist der Fall, wenn ein einzelnes Unternehmen eine Produktionsmenge y^M kostengünstiger produzieren kann, als wenn diese Produktionsmenge von zwei oder mehreren Unternehmen produziert werden würde.

Betrachtet werden die Outputvektoren $y^1,..., y^i,..., y^n$ der Unternehmen $i = 1,.., n$ einer Branche, wobei $y^i \neq y^M$. Die Summe der Produktionsmengen einer Vielzahl möglicher Unternehmen $i = 1,.., n$ entspreche der Produktionsmenge eines alternativ in der Branche tätigen Monopolisten M:

$$(1) \qquad\qquad y^1 + ... y^i + ... y^n = y^M$$

Unter der Annahme (1) gilt die Kostenfunktion $C(y^M)$ als subadditiv in y^M, wenn die Summe der Kosten der Unternehmen $i = 1,.., n$ größer ist als die Kosten eines alternativ produzierenden Monopolisten:

$$(2) \qquad\qquad C(y^M) < C(y^1) + ... C(y^i) + ... C(y^n)$$

Demsetz (1968, S. 56) beschreibt das natürliche Monopol und die damit einhergehende Problematik wie folgt: „If, because of production scale economies, it is less costly for one firm to produce a commodity in a given market than it is for two or more firms, then one firm will survive; if left unregulated, that firm will set price and output at monopoly levels…". Das monopolistische Verhalten wiederum habe ein nicht wohlfahrtsmaximales Marktergebnis zur Folge. Demsetz (1968, S. 63) empfiehlt deshalb im Falle des natürlichen Monopols die Vergabe des alleinigen Produktionsrechtes über ein Franchise-System im Rahmen von Ausschreibungen.

Lange Zeit ist auch der Eisenbahntransport als natürliches Monopol angesehen worden. Der Aufbau eines Netzes und ein funktionierender Betrieb, so die These, seien effizient nur von einem Monopolisten volkswirtschaftlich zu gewährleisten. Der Aufbau und Betrieb eines oder mehrerer konkurrierender Eisenbahnnetze seien aufgrund der Charakteristika einer Netzindustrie unter dem Aspekt der Wohlfahrtsmaximierung nicht vertretbar.[8]

In der jüngeren Literatur wird diese globale Einordnung insbesondere im Fixkostenbereich angezweifelt, was zu einer differenzierteren Betrachtung des Eisenbahntransportes führt. Unterschieden wird zwischen der Infrastruktur als Verteilungsnetz und der eigentlichen Produktion, dem (SPNV-)Betrieb. Während der Bau und Unterhalt zweier oder mehrerer paralleler Strecken von verschiedenen Unternehmen in der Regel weiterhin als ineffizient angesehen werden muss, kann die Produktion von Transportleistungen auf der bestehenden Infrastruktur von konkurrierenden Unternehmen mit eigenen Fahrzeugen erbracht werden. Der unmittelbare Betrieb stellt damit hinsichtlich der Fixkostenbelastung zumeist kein natürliches Monopol mehr dar.[9]

---

[8] Vgl. Borrmann und Finsinger (1999, S. 101) sowie Wolfstetter (1999, S. 238).

[9] Vgl. Borrmann und Finsinger (1999, S. 101).

Da aus Sicht des Fahrgastes jedoch der Nutzen eines verknüpften Angebotes höher als der Nutzen eines unkoordinierten Angebotes ist und auf der Kostenseite weitere Verbund- und Netzvorteile existieren (zum Beispiel optimierte Betriebsabläufe), muss der SPNV nach Ansicht von Snethlage (2001, S. 68 – 70) trotz der veränderten Fixkostenproblematik weiterhin als natürliches Monopol eingeordnet werden. Wird ein Marktversagen festgestellt, kann dies ein staatliches Eingreifen in den Markt erforderlich machen.[10] Da im SPNV ein eigenständiger Markt nach Ansicht von Snethlage (2001, S. 75) regelmäßig nicht realisierbar sei, empfiehlt er einen Wettbewerb um den Markt selbst im Rahmen von Ausschreibungen.

1.3 Der SPNV als öffentliches Gut und das Prinzip der Daseinsvorsorge

Wird der SPNV nach der Art des Gutes weiter klassifiziert, so weist er in begrenztem Maße Charakteristika eines öffentlichen Gutes auf.[11] Da ein Ausschluss einzelner Nutzer möglich ist, kann auch von einem Clubgut gesprochen werden. Der regelmäßig defizitäre SPNV-Betrieb ist nach Ansicht von Snethlage (2001, S. 47 – 49) primär ein meritorisches Gut. Er wird zwar teilweise privat, aber aus Sicht des Staates nicht in ausreichendem Maße privat erbracht.[12] Dies ist eines der Gründe, weshalb ein Eisenbahnunternehmen vom Staat mit der gewünschten Verkehrsleistung[13] beauftragt und entsprechend subventioniert werden muss. Dieser Eingriff in den Markt wird dabei mit dem Prinzip der Daseinsvorsorge begründet.

Werner und Schaaffkamp (2003, S. 1) definieren Daseinsvorsorge als „die das Gemeinwohl sichernden Funktionen und Maßnahmen der Leistungsverwaltung".[14] Da im Schienenpersonennahverkehr durchweg von gemeinwirtschaftlichen Verkehren ausgegangen werden muss, macht ein „Marktversagen", also die quantitativ unzureichende privatwirtschaftliche Leistungserstellung, einen staatlichen Eingriff zur Erfüllung des Staatsziels der Daseinsvorsorge notwendig.[15]

---

[10] Vgl. Mankiw (2004, S. 340 – 342 und S. 356 – 358).

[11] So existiert keine Rivalität in der Nutzung, solange die Kapazitäten ausreichend sind. Zu öffentlichen Gütern und Clubgütern vgl. Zimmermann und Henke (1994, S. 42 ff. und S. 180).

[12] Grund hierfür ist eine aus gesellschaftlicher Sicht zu geringe Nachfrage aufgrund verzerrter Präferenzen, die sich insbesondere in einer relativ niedrigen Nachfrageelastizität äußert. Vgl. Borrmann (2003a, S. 18 – 21). Die möglichen Auswirkungen zeigen sich in einer Berechnung von Fearnley et al. (2004, S. 32 f.), die für den (imaginären Fall) eines freien Marktes im norwegischen Intercityverkehr eine Reduzierung der Konsumentenrente um 756,4 Mio. Norwegische Kronen (NOK). Die Gesamtwohlfahrt fällt in diesem Fall um 320,7 Mio. NOK, während die Gewinne der Staatsbahn um 370 Mio. NOK steigen. Laut Müller (2002, S. 430) lassen sich in Deutschland die Kosten des SPNV, je nach Zuggattung und Angebotsqualität, nur zu 20 bis 70 Prozent aus Fahrgelderlösen decken. Vgl. außerdem Karl (2002, S. 9).

[13] Analog zur marktüblichen Bezeichnung bezeichnet der Begriff „Verkehrsleistung" im Rahmen dieser Untersuchung die im Rahmen eines Verkehrsvertrages durch einen Betreiber für einen Aufgabenträger erbrachte (gesamte) Verkehrs-(Dienst-)leistung.

[14] Vgl. außerdem Forsthoff (1938, S. 36 f.), der den ÖPNV als einer der ersten unter den Aspekt der Daseinsvorsorge einordnete.

[15] Vgl. Fuest et. al (2001, S. 24).

Die Konkretisierung des Aspektes der Daseinsvorsorge ist in der Literatur umstritten. Werner und Schaaffkamp (2003, S. 2) betonen den Beitrag des ÖPNV zum Staatsziel der Daseinsvorsorge hinsichtlich seiner verkehrs- und umweltentlastenden sowie sozialpolitischen Bedeutung. Borrmann (2003a, S. 27 – 31) beschränkt sich auf die Sicherung der Mobilität im Rahmen des Sozialstaatsprinzips. Verkehrs- und umweltpolitische Ziele sieht er als hiervon unabhängig an.

Sowohl verkehrs- und umweltpolitische Aspekte, die Leistungsfähigkeit des Bieters wie auch die Versorgung mit Mobilität stellen im ÖPNV Qualitätsmerkmale dar.[16] Die Sicherung der Daseinsvorsorge wird im Rahmen dieser Arbeit deshalb zusammen mit den übrigen, oben genannten Kriterien unter dem Aspekt der vom Bieter angebotenen Leistungsqualität subsumiert.

1.4 Wettbewerb und Wettbewerbsformen

Europaweit haben in den letzten Jahren nicht nur die technische und wirtschaftliche Entwicklung, sondern auch die massiven Haushaltsprobleme des Staates sowie die Bestrebungen zur Vollendung des europäischen Binnenmarktes im ÖPNV zu einem wachsenden Veränderungsbedarf der Marktorganisation geführt. Der Einführung wettbewerblicher Elemente kommt dabei eine verstärkte Bedeutung zu.[17] Da sich im SPNV aufgrund der oben genannten Charakteristika regelmäßig kein vollkommener Wettbewerb im idealtypischen Sinne einstellt, haben sich in Europa verschiedene Wettbewerbsformen gebildet. Das staatliche Produktionsmonopol und der freie Markt werden im Folgenden von dem kontrollierten Wettbewerb abgegrenzt und erläutert. In der in der Tabelle 1 unten dargestellten Übersicht ist die in Deutschland übliche Wettbewerbsform kursiv hervorgehoben.

Bei der Wettbewerbsform des staatlichen Produktionsmonopols ist der Wettbewerb dauerhaft ausgeschlossen. Das Produktionsrecht steht nur dem staatseigenen Unternehmen zu, eine Situation, wie sie vor der Mitte der neunziger Jahre durchgeführten Bahnreform in Deutschland überwiegend vorzufinden war. Besteht ein Wettbewerb im Markt selbst, könnte die öffentliche Hand bei einem kontrollierten Wettbewerb allgemeinverbindliche Mindeststandards, zum Beispiel hinsichtlich der Qualität setzen.[18] Im freien Markt, wie er zum Beispiel im deutschen Fernverkehr zu beobachten ist, sind hingegen lediglich die staatlichen Berufszugangsregelungen (zum Beispiel hinsichtlich der Sicherheit) von Bedeutung.[19]

---

[16] Vgl. LVS Schleswig-Holstein Landesweite Verkehrsservicegesellschaft mbH (2003, S. 51).

[17] Vgl. TIS.PT, Consultores em Transportes, Inovação e Sistemas, S.A. (2003, S. 6 und S. 30) sowie Werner et al. (2000, S. 8 f.).

[18] Großbritannien setzt zum Beispiel die Anerkennung eines landesweiten Tarifs voraus, wie Christoph Schaffkamp, Geschäftsführer der KCW GmbH, in einem Gespräch bestätigte.

[19] Vgl. Deutsche Bahn AG (2004c, S. 12).

Tabelle 1: Wettbewerbsformen im SPNV

	Kein Wettbewerb	Kontrollierter Wettbewerb			Freier Markt
Ort des Wettbewerbs	Eigenproduktion	*Wettbewerb um den Markt*		Wettbewerb im Markt	
Marktzugang	*Exklusives Recht*			Offen	
Vorgaben für Gewerbeausübung	Allgemeines Verbot (dauerhafter Wettbewerbsausschluss = Berufsausübungsverbot)	Gewinn eines exklusiven Rechts im Wettbewerb	*Gewinn eines Verkehrsfinanzierungsvertrages im Wettbewerb (bei offenem Marktzugang Konkurrenzierung möglich), Ausschreibung*	Beachtung allgemeinverbindlicher Standards (Konkurrenzierung möglich)	Ohne weitere Vorgaben (außer allgemein gültigen Berufszugangsregelungen)
Beispiele	Deutsche Bahn vor Bahnreform	Teilweise in Großbritannien (GB)	*Deutschland, Schweden*	Long Distance Tarife in GB	Fernverkehr Deutschland

Quelle: Eigene Darstellung in Anlehnung an Werner und Schaaffkamp (2002, S. 556)

Vergibt der Staat ein exklusives Betriebsrecht für den Markt über ein wettbewerbliches Ausschreibungsverfahren, so wird dem Gewinner der Ausschreibung kein Zuschuss gezahlt. Vielmehr kann der Rechtsinhaber verpflichtet werden bestimmte, nicht lukrative Angebote mit vorzuhalten. Darüber hinaus kann der Staat, alternativ zur Vorhaltung nicht lukrativer Angebote, die Zahlung einer Lizenzgebühr verlangen. Derartige Auktionsverfahren sind zum Beispiel in Großbritannien (GB) auf einigen Strecken zu beobachten.[20]

Aus Sicht der öffentlichen Hand gewinnt im Rahmen des kontrollierten Wettbewerbs die Methode der Ausschreibung an wachsender Bedeutung.[21] Bei dieser Wettbewerbsform fragt der Staat die Verkehrsleistung im Rahmen einer Ausschreibung nach.[22] Der Wettbewerb entsteht hierbei nicht zwischen den Betreibern auf dem Verkehrsmarkt. Vielmehr entwickelt sich ein Wettbewerb um den Markt selbst, der dem Wettbewerb um den Kunden in Konkurrenz zu anderen Verkehrsmitteln vorgelagert ist.[23] Im Falle nicht kostendeckender Marktpreise geben die Unternehmen dabei Gebote über die Höhe ihrer Subventionsforderung zum Betrieb

---

[20] Vgl. Preston et al. (2000, S. 101).

[21] Vgl. TIS.PT, Consultores em Transportes, Inovação e Sistemas, S.A. (2003, S. 30).

[22] Vgl. Borrmann und Finsinger (1999, S. 312 – 341) sowie Gandenberger (1961) allgemein zu Ausschreibungen. Chadwick (1859) machte als erster den Vorschlag, öffentliche Subventionen für den Betrieb von Eisenbahnen auszuschreiben.

[23] Vgl. Werner (1998, S. 8).

der ausgeschriebenen Strecke ab.[24] Die Erfüllung bestimmter Standards hinsichtlich Qualität und Sicherheit kann Bestandteil dieses Wettbewerbs sein.

Die in dieser Untersuchung betrachteten öffentlichen Ausschreibungen im deutschen SPNV-Markt stellen damit einen Wettbewerb um Subventionen für den Betrieb von SPNV-Leistungen (nachfolgend bezeichnet als Verkehrsleistungen) dar. Im Vergabeverfahren wird das Unternehmen mit dem wirtschaftlichsten Angebot auf Basis der Vorgaben der öffentlichen Hand ermittelt. Die Modalitäten der Zuschusszahlung des Staates an den Betreiber werden in einem Verkehrs(finanzierungs)vertrag vereinbart.

2.   Rahmenbedingungen des deutschen SPNV-Marktes

Im Folgenden wird zunächst die seit der Bahnreform geänderte Gesetzeslage in Deutschland skizziert. Anschließend werden in einem kurzen Überblick die aktuelle Marktentwicklung und die wichtigsten Akteure des Marktes dargestellt.

2.1   Rechtliche Rahmenbedingungen seit der Bahnreform

Die Vorgaben der „Eisenbahnrichtlinie" 91/440/EWG zur teilweisen Liberalisierung der nationalen Eisenbahnmärkte wurden in Deutschland im Rahmen der Bahnreform zum 1. Januar 1994 umgesetzt.[25] Mit dem Deutsche Bahn Gründungsgesetz vom 27.12.1993 wurde der Übergang der Deutschen Bundesbahn (DBb) und der Deutschen Reichsbahn (DR) in ein privatwirtschaftliches Unternehmen geregelt.[26] Es entstand die Deutsche Bahn AG (DB). Das Monopol, das dem Eigentümer der Infrastruktur zumeist auch das alleinige Recht zur Planung und Durchführung des Betriebes zusicherte, ist zumindest im so genannten öffentlichen Verkehr gefallen.[27]

Der SPNV wurde vor der Bahnreform zumeist von staatlichen Bahnen geplant und erstellt, wie Abbildung 2 unten zeigt. Die Bundesrepublik Deutschland glich als Eigentümerin die Betriebsverluste aus, wobei für bestimmte Verkehre vereinzelt von Ländern und Kommunen Zuschüsse gezahlt wurden.

---

[24]   Vgl. Blankart (2002, S. 32).

[25]   Richtlinie 91/440/EWG – Richtlinie des Rates zur Entwicklung der Eisenbahnunternehmen der Gemeinschaft vom 29.07.1991, Fundstelle: Amtsblatt der Europäischen Gemeinschaften Nr. L 237/25. Vgl. zur Bahnreform beispielsweise Ende und Kaiser (2004, S. 26 – 37).

[26]   Gesetz über die Gründung einer Deutsche Bahn Aktiengesellschaft (Deutsche Bahn Gründungsgesetz) vom 27.12.1993, Fundstelle: Art. 1 Eisenbahnneuordnungsgesetz; Bundesgesetzblatt (BGBl.) 1993 Teil I S. 2386 ff.

[27]   Vgl. § 14 Abs. 1 Allgemeines Eisenbahngesetz (AEG) vom 27. Dezember 1993 (BGBl. I S. 2378 (2396) (1994, 2439)), zuletzt geändert durch Artikel 8 des Gesetzes vom 26. Februar 2008 (BGBl. I S. 215) sowie Werner (1998, S. 3 f.).

Abbildung 2: Der deutsche SPNV vor der Bahnreform

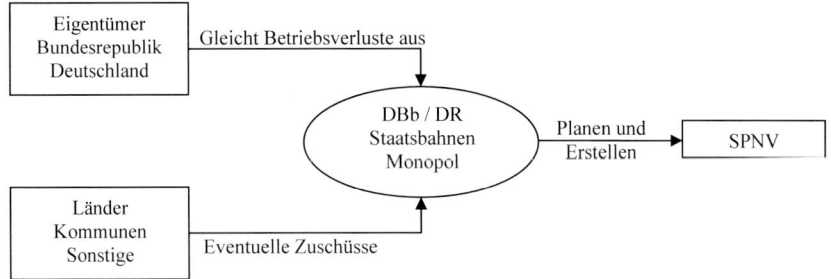

Quelle: Eigene Darstellung in Anlehnung an Laeger (2004, S. 17)

Das Gesetz zur Regionalisierung des Öffentlichen Personennahverkehrs (Regionalisierungsgesetz – RegG) legte im Verlauf der Bahnreform die Aufgaben- und Finanzverantwortung für den SPNV in die Hände der Länder. Wie Abbildung 3 zeigt, planen und bestellen diese seitdem den SPNV in ihrem Zuständigkeitsbereich.[28]

Abbildung 3: Der deutsche SPNV nach der Bahnreform

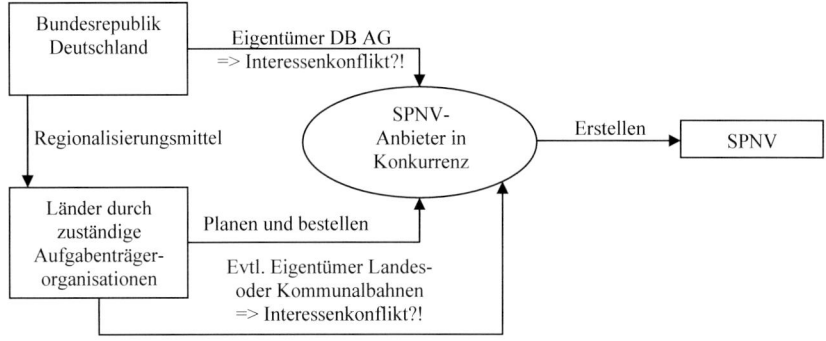

Quelle: Eigene Darstellung in Anlehnung an Laeger (2004, S. 17)

Hierfür wurden zuständige „Stellen" bestimmt, denen gemäß § 1 RegG „die Sicherstellung einer ausreichenden Bedienung der Bevölkerung mit Verkehrsleistungen" des ÖPNV als „Aufgabe der Daseinsvorsorge" obliegt. Die zuständigen Stellen (bzw. Behörden) werden als Aufgabenträger bezeichnet und sind für die konkrete

---

[28] Vgl. § 3 und § 4 Regionalisierungsgesetz vom 27. Dezember 1993 (BGBl. I S. 2378, 2395), zuletzt geändert durch Artikel 1 des Gesetzes vom 12. Dezember 2007 (BGBl. I S. 2871). Mit dem freien Marktzugang und dem bevorstehenden Börsengang der DB wird damit gewissermaßen der Prozess der Verstaatlichung von Bahnunternehmen (vor allem Ende des 19. Jahrhunderts in Preußen) rückgängig gemacht, wie Karl (2004, S. 20) betont.

Ausgestaltung der Daseinsvorsorge vor Ort verantwortlich.[29] In einigen Fällen nimmt die öffentliche Hand als Eigentümerin einiger Bahnen eine Doppelrolle ein. Hier kann es zwischen Gewinnstreben und dem Staatsziel der Daseinsvorsorge zu Interessekonflikten kommen.

Als Instrumente zur Ausgestaltung der Daseinsvorsorge stehen der öffentlichen Hand seit der Bahnreform der Nahverkehrsplan als Rahmenvorgabe sowie die Verkehrsverträge für die detaillierte Leistungsbeschreibung zur Verfügung.[30] Verkehrsverträge des SPNV stellen dabei Vereinbarungen der Aufgabenträger mit Eisenbahnunternehmen zur Erbringung von bestimmten Verkehrsleistungen dar. Die hierfür nötigen Subventionen zum Ausgleich des regelmäßig defizitären Verkehrs werden mit Regionalisierungsmitteln des Bundes finanziert. Gemäß § 5 Abs. 1 RegG waren hierfür im Jahre 2008 6,675 Milliarden Euro vorgesehen. Dieser Betrag steigt ab dem Jahre 2009 jährlich um 1,5 Prozent an.[31] Ab dem Jahr 2015 ist eine Neuregelung vorgesehen. Die Gesamtmittel werden nach einem in § 5 Abs. 3 RegG festgelegten Schlüssel auf die Länder verteilt.

Die Eisenbahnverkehrsverwaltung wurde durch die Bahnreform auf das neu geschaffene Eisenbahn-Bundesamt übertragen. Dieses sollte primär bei technischen Fragen und Problemen der Trassenvergabe entscheiden. Im Zuge der kürzlich erfolgten gesetzlichen Neuordnung wurde eine Anpassung vorgenommen.[32] Auf Bundesebene ist das Eisenbahn-Bundesamt weiterhin für die Eisenbahnaufsicht, insbesondere für die technische Sicherheit, zuständig. Darüber hinaus wurde die Zuständigkeit zur Sicherung eines diskriminierungsfreien Zugangs zur Infrastruktur einer Regulierungsbehörde übertragen. Diese Aufgabe wird inzwischen von der Bundesnetzagentur wahrgenommen. Sonstige wettbewerbsrechtliche Fragen werden in der Regel von den Kartellämtern entschieden.

Der Eisenbahnverkehr unterliegt grundsätzlich einem „Verbot mit Erlaubnisvorbehalt", wie Werner (1998, S. 246) betont. Es ist eine Genehmigung für die allgemeine Durchführung von (Eisenbahn-)Verkehrsleistungen notwendig. Geprüft werden im Rahmen der Genehmigung insbesondere sicherheitsrelevante Anforderungen. Für die Nutzung der Infrastruktur muss eine privatrechtliche Vereinbarung mit dem Infrastruktureigentümer (meist DB) abgeschlossen werden.[33]

---

[29] Vgl. Eiermann (1997, S. 117). In den Stadtstaaten und in den Ländern Hessen, Nordrhein-Westfalen, Sachsen und Rheinland-Pfalz wird der gesamte ÖPNV von der jeweiligen Gebietskörperschaft verantwortet. Diese gründeten Aufgabenträger, zuständig für den ÖPNV. Für den SPNV wurden anschließend Zweckverbände gebildet. Alle anderen Länder entschieden sich für eine zentralisierte Zuständigkeit. Das Land richtete dann einen für den SPNV zuständigen Aufgabenträger ein. Vgl. hierzu auch Werner (1998, S. 92).

[30] Vgl. Muthesius (1997, S. 105) sowie Baum et al. (2003, S. 96 – 98).

[31] § 6 Abs. 1 RegG sieht dabei die Verwendung der Mittel „insbesondere für den Schienenpersonennahverkehr" vor.

[32] Vgl. hierzu insbesondere § 5 AEG sowie § 14b AEG.

[33] Vgl. Werner (1998, S. 143).

Im Rahmen dieser Untersuchung ist der öffentliche Personennahverkehr (ÖPNV) vom Personenfernverkehr und vom Güterverkehr abzugrenzen.[34] Unter ÖPNV wird gemäß § 2 RegG und § 2 Abs. 5 AEG die Beförderung von Personen mit Verkehrsmitteln im Linienverkehr verstanden, wobei die Mehrzahl der Reisen eine Reisezeit von weniger als einer Stunde oder eine Reiseweite von weniger als 50 Kilometern aufweist. Der SPNV wird im Sinne des § 2 Abs. 5 AEG vom sonstigen ÖPNV nach dem Personenbeförderungsgesetz (PBefG) abgegrenzt. Zum sonstigen ÖPNV sind insbesondere Linienverkehre mit Straßenbahnen und Bussen zu zählen.[35] Die vorliegende Untersuchung konzentriert sich auf den SPNV nach dem AEG.

2.2 Marktentwicklung und Marktteilnehmer

2.2.1 Stand der Marktentwicklung

In Deutschland zeichnet sich derzeit, insbesondere im Schienenpersonennahverkehr (SPNV), ein zunehmender Wettbewerb durch die Vergabe von Verkehrsleistungen im Rahmen von Ausschreibungen ab. Dabei bildet Deutschland zugleich den größten SPNV-Markt in Europa.[36] Von den im deutschen SPNV erbrachten Leistungen wurde seit der Regionalisierung 1996 erst ein begrenzter Teil ausgeschrieben.[37] Die übrigen Leistungen vergaben die Länder zumeist über langfristige Verkehrsverträge direkt an die DB. Allerdings sehen diese Verträge in der Regel die sukzessive Ausschreibung zumindest eines Teils der jeweiligen Leistungen des Verkehrsvertrages während der Laufzeit vor. Offensichtlich erhoffen sich die Länder durch dieses Vorgehen einen „geordneten" Übergang in den Wettbewerb.[38]

Die ungleiche Wettbewerbsintensität der einzelnen Länder und der insgesamt noch schwach entwickelte Wettbewerb wurden von der Monopolkommission (2004, S. 347 – 349) kritisiert. Diese sah die Gefahr einer dauerhaft marktbeherrschenden Stellung der DB im Schienenpersonennahverkehr. Wie der Wettbewerbsbericht der DB (2008, S. 19) feststellt, hatte die DB im Jahre 2007 in Deutschland einen Marktanteil von ca. 83,7 Prozent an den jährlich erbrachten Zugleistungen (in Zugkilometern) bzw. 90,5 Prozent an den jährlich erbrachten Leistungen in Personenkilometern.

---

[34] Vgl. Werner (1998, S. 22).

[35] Vgl. § 8 Abs. 1 Satz 1 Personenbeförderungsgesetz (PBefG) in der Fassung der Bekanntmachung vom 8. August 1990 (BGBl. I S. 1690), zuletzt geändert durch Artikel 27 des Gesetzes vom 7. September 2007 (BGBl. I S. 2246). Diese Verkehre werden zumeist als öffentlicher Straßenpersonennahverkehr – ÖSPV – definiert. Vgl. hierzu Werner (1998, S. 6).

[36] Vgl. unter anderem Rohwer (2002, S. 776).

[37] Vgl. Deutsche Bahn AG (2004c, S. 8 f.), die feststellte, dass im Zeitraum von 1996 bis 2004 ein Anteil von ca. 21 Prozent an den jährlich erbrachten Zugkm im SPNV ausgeschrieben wurde. Genaue aktuelle Zahlen können nicht ermittelt werden, wie auch die Bundesarbeitsgemeinschaft der Aufgabenträger des SPNV (BAG-SPNV) feststellt (vgl. BAG-SPNV 2007, S. 2).

[38] Vgl. Holzhey et al. (2004, S. 24 – 29) sowie Deutsche Bahn AG (2004b, S. 143).

2.2.2   Aufgabenträger

Die Aufgabenträger als verantwortliche regionale Stellen entwickeln Zielvorgaben im Rahmen eines Nahverkehrsplanes und bestellen die Nahverkehrsleistungen. Bei wettbewerblichen Verfahren schreiben sie die gewünschte Verkehrsleistung aus und ermitteln im Rahmen eines formalen Vergabeverfahrens den Gewinner. Anschließend erteilen sie diesem den Zuschlag und kontrollieren die Leistungserbringung.[39]

Obwohl das Ziel der Sicherung einer ausreichenden Qualität bzw. Daseinsvorsorge weiterhin verfolgt wird, hat das fiskalische Ziel angesichts der schwierigen Lage der öffentlichen Haushalte ein größeres Gewicht eingenommen.[40] Im Rahmen des fiskalischen Ziels ist die öffentliche Hand bestrebt, den Auftrag an den Bieter mit dem niedrigsten Zuschussbedarf zu vergeben.[41] Laut Laeger (2004, S. 43 f.) verfolgen einige Länder explizit das Ziel, über die Einführung von Wettbewerb Finanzmittel für zusätzliche ÖPNV-Maßnahmen zu generieren und die bestehenden Verkehre bei guter Qualität bezahlbar zu halten. Aus der Sicht der Aufgabenträger scheinen damit das Ziel der Sicherung der Qualität (bzw. der Daseinsvorsorge) und insbesondere das Ziel zur Senkung des Zuschussbedarfs im Vordergrund zu stehen.[42]

Im SPNV-Markt gab und gibt es bisweilen unterschiedliche Rechtsauffassungen bezüglich der Frage, ob die Aufgabenträger rechtlich auf Basis von § 15 AEG zur Ausschreibung verpflichtet sind.[43] Allerdings besteht allgemein Konsens darüber, dass sie zur Nutzung dieses Instrumentes berechtigt sind. Auch die ab 3. Dezember 2009 gültige VO (EG) 1370/2007 wird die Möglichkeit zur wettbewerblichen Vergabe weiterhin sichern.[44] Im Hinblick auf die vermutlich weiterhin schwierige Haushaltslage ist deshalb von einer Zunahme der Nutzung von Ausschreibungen im deutschen SPNV auszugehen.

2.2.3   Deutsche Bahn AG

Im Verlauf der zweiten Stufe der Bahnreform wurden am 1. Juni 1999 unter dem Dach der Holding der Deutschen Bahn AG (DB) fünf Spartengesellschaften gegründet. Für den SPNV ist seitdem die DB Regio AG, vertreten durch ihre zahlrei-

---

[39]   Vgl. Karl (2002, S. 13).

[40]   Dies bestätigte Herr Wewers, Geschäftsführer der LVS Schleswig-Holstein Landesweite Verkehrsservicegesellschaft mbH, in einem Gespräch.

[41]   Vgl. Blankart (2001, S. 463).

[42]   Vgl. Schulz, Rumpf und Kowalik (2000, S. 18 f.), die ein an diesen Zielen orientiertes Bewertungssystem zeigen. Vgl. außerdem Laeger (2004, S. 45) und Wewers (1998, S. 8).

[43]   Vgl. zum Beispiel Schaaffkamp und Bayer (2001), Karl (2002), Marx (2003), Bremer und Wünschmann (2004) sowie Köhler (2004).

chen regionalen Töchter, zuständig. Die wesentlichen Teile der Infrastruktur wurden in die Gesellschaften DB Netz AG und DB Station & Service AG überführt.[45] Die Gruppierung der Infrastruktur sowie der Betriebsgesellschaften unter einem Holdingdach ist dabei umstritten. Das bestehende Diskriminierungspotenzial gegenüber Wettbewerbern würde nach Ansicht von Kritikern durch den ursprünglich von der DB geplanten, integrierten Börsengang gefestigt werden.[46] Um dem entgegenzutreten wird derzeit angestrebt, die Privatisierung auf die Transportbereiche zu beschränken und hiervon nur einen Anteil von 24,9 Prozent an private Anteilseigner zu veräußern.[47]

2.2.4 Nichtbundeseigene Eisenbahnen

Als Nichtbundeseigene Eisenbahnen (NE-Bahnen) werden alle Eisenbahnverkehrsunternehmen bezeichnet, die nicht im Eigentum der Bundesrepublik Deutschland stehen und damit als Konkurrenten der DB einzuordnen sind.

Laut BAG-SPNV (2007, S. 2) stieg seit der Bahnreform 1996 die Zugleistung der DB Regio AG (inklusive Töchter) von rund 525 Mio. Zugkm auf rund 557 Mio. Zugkm im Jahr 2003 und fiel anschließend auf 537 Mio. Zugkm im Jahr 2007. Die NE-Bahnen steigerten im gleichen Zeitraum ihre Verkehrsleistung von 14 Mio. Zugkm auf 101 Mio. Zugkm. Die insgesamt im deutschen SPNV von Aufgabenträgern bestellte Zugkilometerleistung nahm nahezu kontinuierlich von 539 Mio. Zugkm im Jahre 1996 auf 632 Mio. Zugkm im Jahre 2007 zu. Der Anteil der NE-Bahnen am insgesamt bestellten Volumen der Zugkm betrug damit im Jahre 2007 gut 16 Prozent. Dennoch ist die Anzahl der Unternehmen, die flächendeckend als Konkurrenten zur DB auftreten, gering.[48]

Die Besitzerstrukturen der NE-Bahnen sind laut Laeger (2004, S. 31 – 42) vielfältig. Neben öffentlichen Bahnen, die im Besitz von Kommunen und Ländern sind, gibt es Unternehmen im Privatbesitz und solche, die zu großen ausländischen Konzernen oder zu ausländischen Staatsbahnen gehören.[49] Für neue Unternehmen ergibt sich die Attraktivität des Marktes insbesondere aus der Kombination von planbaren Subventionen und dem Ertragspotenzial durch Effizienzsteigerungen. So

---

[44] Vgl. Verordnung (EG) Nr. 1370/2007 des Europäischen Parlaments und des Rates vom 23. Oktober 2007 über öffentliche Personenverkehrsdienste auf Schiene und Straße und zur Aufhebung der Verordnungen (EWG) Nr. 1191/69 und (EWG) Nr. 1107/70 des Rates, Fundstelle: Amtsblatt der Europäischen Union Nr. L 315/5.

[45] Vgl. Deutsche Bahn AG (2004a, S. 1) sowie Laeger (2004, S. 33).

[46] Vgl. Laeger (2004, S. 38) sowie Ende und Kaiser (2004, S. 35 – 37), die außerdem diskriminierendes Verhalten in diversen Einzelfällen aufzeigen.

[47] Vgl. Deutscher Bundestag (2008, S. 2).

[48] Vgl. Deutsche Bahn AG (2008, S. 66).

[49] Vg. BAG-SPNV (2007, S. 2).

konnten im SPNV im Anschluss an wettbewerbliche Vergaben regelmäßig Effizienzsteigerungen von 20 Prozent bis 30 Prozent generiert werden.[50]

3. Systematik der Vergabeverfahren

Im Rahmen der Darstellung der Systematik der SPNV-Vergabeverfahren wird zunächst der zeitliche Ablauf des Verfahrens überblicksartig erläutert. Anschließend werden die Ausschreibungsarten und die möglichen Vertragsformen dargestellt, bevor abschließend die Möglichkeiten des Aufgabenträgers zur Festlegung der Qualität skizziert werden.

3.1 Phasen des Vergabeprozesses

Das Vergabeverfahren gliedert sich aus Sicht des Aufgabenträgers in die Phasen der Vorbereitung, der Vergabe und der eigentlichen Vertragslaufzeit, wie auch Abbildung 4 auf Seite 32 zeigt.

In der Phase der Vorbereitung erstellt der Aufgabenträger die Verdingungsunterlagen. Diese enthalten alle notwendigen Informationen und die Rahmenbedingungen der Ausschreibung (Vergabebedingungen). Dies schließt Angaben zur Art des Vergabeverfahrens, zur Art und Weise der Bewertung der Gebote zu Art und Umfang der Verkehrsdienstleistung, zum Typus des Verkehrsvertrages hinsichtlich Einnahmeaufteilung und zum gewünschten Qualitätsniveau des zu erbringenden Verkehrsangebotes mit ein.

Die Vergabephase beginnt mit der offiziellen Bekanntmachung der Vergabe, zum Beispiel im Amtsblatt der Europäischen Union. Die interessierten Unternehmen stellen Teilnahmeanträge, woraufhin die Versendung der Verdingungsunterlagen erfolgt. Teilweise werden bereits in dieser Phase einige Untenehmen von der Ausschreibung aufgrund offensichtlicher Nichterfüllung von Mindestvorgaben ausgeschlossen.[51] Einige Aufgabenträger nutzen in dieser Phase auch die Möglichkeit im Anschluss an einen Teilnahmewettbewerb lediglich eine begrenzte Anzahl von Unternehmen zur Abgabe eines Angebotes aufzufordern.

Auf Basis der übermittelten Verdingungsunterlagen erstellen die Bieter ihre Angebote. Im Anschluss an den Stichtag zur Angebotsabgabe führt der Aufgabenträger die Auswertung der abgegebenen Angebote durch. Hierzu zählen auch Gespräche mit den Bietern zur Klärung von offenen Fragen. Änderungen der Angebote sind allerdings nicht mehr möglich. Der Aufgabenträger gibt auf Basis seiner Auswertungsergebnisse eine Vergabeempfehlung ab, woraufhin die zuständige

---

[50] Vgl. Reinhold (2002, S. 19 f.).

[51] Dies könnte zum Beispiel eine fehlende Genehmigung zur Durchführung von Eisenbahnverkehrsleistungen gemäß AEG sein.

Landesbehörde dem Bieter mit dem wirtschaftlich günstigsten Angebot den Zuschlag erteilt.[52]

Abbildung 4: Ablauf von Ausschreibungen im SPNV

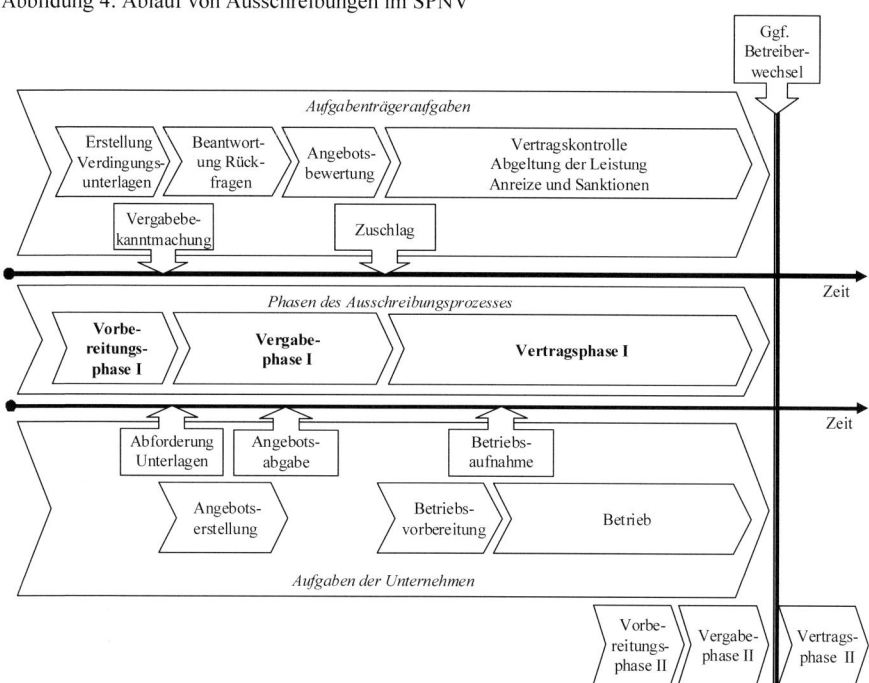

Quelle: Eigene Darstellung in Anlehnung an KCW in Bracher et al. (2004, S. 113)

Nach Ablauf der obligatorischen Einspruchsfrist von maximal zwei Wochen, in der die unterlegenen Bieter Einspruch bei der zuständigen Vergabekammer erheben können, wird im Anschluss an weitere Vertragsverhandlungen zur Klärung letzter Details der Verkehrsvertrag unterzeichnet.[53] Gleichzeitig beginnt der Ausschreibungsgewinner mit der Betriebsvorbereitung.

Die Betriebsaufnahme erfolgt zu Beginn der Vertragsphase. Das Unternehmen verpflichtet sich, den Betrieb während der gesamten Vertragslaufzeit gemäß den vereinbarten Vertragskonditionen durchzuführen. Der Aufgabenträger zahlt hierfür den in der Vergabephase ermittelten Zuschussbedarf (Abgeltung der Leistung). Gleichzeitig ist die Behörde für das Vertragscontrolling zuständig. Neben klassischen Kontrollen sollen Anreiz- und Sanktionsmechanismen die Verwirklichung ihrer Ziele unterstützen.

---

[52] Vgl. Werner (1998, S. 208), der darauf hinweist, dass diese Beurteilung gemäß „sachgerechter Kriterien" erfolgen muss. Ein mögliches Bewertungsschema zeigen Schulz, Rumpf und Kowalik (2000, S. 18 f.).

[53] Vgl. Werner (1998, S. 208 – 210) zu den Rechtsmitteln gegen Vergabeentscheidungen.

Gegen Ende der Vertragsphase I beginnt der Aufgabenträger mit der Vorberei-
tung und Durchführung einer erneuten Vergabephase, um einen reibungslosen
Übergang zwischen den Vertragsphasen I und II zu gewährleisten. Dies kann einen
Betreiberwechsel einschließen.[54]

3.2 Verfahrensarten gemäß Vergaberecht

Das Vergaberecht unterscheidet drei Hauptformen einer öffentlichen Vergabe, die
Werner (1998, S. 205 – 207) näher erläutert. Wird im Rahmen der Ausschreibung,
zum Beispiel durch eine Veröffentlichung im Amtsblatt der Europäischen Union,
eine unbeschränkte Zahl von Unternehmen zur Angebotsabgabe aufgefordert, dann
wird im Allgemeinen von einem Offenen Verfahren gesprochen. Wird nur eine begrenzte Anzahl von Unternehmen zur Angebotsabgabe aufgefordert, liegt ein Nicht
Offenes Verfahren vor. Sowohl bei der Öffentlichen wie auch bei der Beschränkten
Ausschreibung wird die Leistung im Rahmen eines formalisierten Vergabeverfahrens ohne Nachverhandlungen vergeben. Ein Verhandlungsverfahren verzichtet auf
ein förmliches Verfahren, wobei hier ebenfalls bestimmte Verfahrensvorschriften
gelten. Im Gegensatz zum Offenen und Nicht Offenen Verfahren sind beim Verhandlungsverfahren Nachverhandlungen in begrenztem Umfang möglich.

Ein Teilnahmewettbewerb kann sowohl beim Nicht offenen Verfahren als auch
bei der Freihändigen Vergabe vorgeschaltet werden. Bei einigen Dienstleistungen
ist dieses Vorgehen vorgeschrieben. Weiterhin ist zu beachten, dass gemäß § 3a im
Abschnitt 2 VOL/A das Offene Verfahren grundsätzlich dem der Öffentlichen Ausschreibung, das Nicht Offene Verfahren grundsätzlich dem Verfahren der Beschränkten Ausschreibung und das Verhandlungsverfahren grundsätzlich der Freihändigen Vergabe entspricht.

3.3 Vertragsformen

Neben der Art der Ausschreibung ist insbesondere die Verteilung des Kosten- und
Erlösrisikos zwischen Aufgabenträger und Betreiber eine wichtige Entscheidungs-
größe im Vergabeprozess. Der Grad der Kundenorientierung und das Qualitätsniveau der Verkehrsleistung können über diese Anreize beeinflusst werden.
Ziel ist die Verknüpfung des Gewinnstrebens der Unternehmen mit den Zielen des
Aufgabenträgers im Rahmen der Daseinsvorsorge. „Im Idealfall wird über einen
guten Verkehrsvertrag sichergestellt, dass über die betriebswirtschaftliche Optimie-
rung des Eisenbahnverkehrsunternehmens genau die Zielsetzungen des Aufgabenträgers erreicht werden…", die von diesem erwünscht sind, wie Müller (2002,

---

[54] Vgl. beispielhaft LVS Schleswig-Holstein Landesweite Verkehrsservicegesellschaft mbH
(2003, S. 70), die einen „Zeitplan Wettbewerb" erstellt hat.

S. 431) betont. Dabei können – wie oben aus Tabelle 2 ersichtlich – die Vertragstypen zum Teil miteinander kombiniert werden.[55]

Tabelle 2: Übersicht Vertragsformen im SPNV

	Bruttovertrag	Nettovertrag	Anreizvertrag
Einnahmen des Betreibers	Fixer Betrag	Fixer Betrag + Fahrgelderlöse	Fixer Betrag (bei Nettovertrag + Fahrgelderlöse) + Bonus und/oder Malus
Fahrgelderlösrisiko trägt	Aufgabenträger	Betreiber	Aufgabenträger (Betreiber)
Kostenrisiko trägt	Betreiber	Betreiber	Betreiber
Kundenorientierung des Betreibers	Nein	Ja (abhängig vom Anteil Fahrgelderlöse)	Abhängig vom Bonus-Malus-System

Quelle: Eigene Darstellung

3.3.1 Bruttovertrag

Liegt einer Ausschreibung ein Bruttovertrag zu Grunde, trägt der Betreiber kein Einnahmerisiko. Vielmehr erhält er vom Besteller der Leistung eine feste Vergütung, die im Ausschreibungsverfahren ermittelt wird. Die Tarifeinnahmen (Fahrgeldeinnahmen) werden auf die Vergütung angerechnet und fließen so vollständig an den Aufgabenträger, der damit das Fahrgelderlösrisiko trägt.[56] Die Unternehmen bewegen sich in einem reinen Kostenwettbewerb, bei dem lediglich die Erfüllung der Vertragskonditionen vorgegeben ist. Ein Anreiz zur Gewinnung neuer Kunden besteht nicht.

3.3.2 Nettovertrag

Im Falle des Nettovertrages erhält der Betreiber ebenfalls eine fest vereinbarte Vergütung, die allerdings im Vergleich zum Bruttovertrag geringer ist. Da die Fahrgeldeinnahmen nicht auf die Vergütung angerechnet werden, sondern beim Unternehmen verbleiben, trägt der Betreiber neben dem Kostenrisiko das volle Fahrgelderlösrisiko. Neue Kunden verbessern die Erlössituation. Qualitätssteigernde Maßnahmen werden damit durch das Unternehmen solange ergriffen, bis die Grenzerlöse zumindest die Grenzkosten decken. Gleiches gilt umgekehrt für qualitätsmindernde Maßnahmen. Laut Gorter et al. (2001, S. 16) zeigen die Erfahrungen allerdings, dass die Unternehmen sich eher auf kostensenkende Maßnahmen zu Lasten der Qualität konzentrieren. Aufgrund so genannter „Zwangskunden", die auf den Nahverkehr angewiesen sind, ist das Kostensenkungspotenzial größer als

---

[55] Vgl. Bracher et al. (2004, S. 114) sowie Werner (1998, S. 214).
[56] Vgl. Gorter et al. (2001, S. 16).

das Erlöspotenzial. Die niedrige Nachfrageelastizität im SPNV (wie im gesamten ÖPNV) stützt diese Einschätzung.[57]

3.3.3 Anreizverträge

Anreizverträge enthalten Bonus-Malus-Regelungen in Bezug auf bestimmte Vertragsziele. Das Unternehmen erhält Prämien für die Erfüllung bzw. Übererfüllung bestimmter Kriterien. Bei Unter- oder Nichterfüllung kommt es zu Strafzahlungen, die die fest vereinbarte Vergütung reduzieren. Damit trägt das Unternehmen das Erfüllungsrisiko fest vereinbarter Ziele, das sowohl ein Kostenrisiko als auch eine Erlöschance darstellt. Ein Bonus-Malus-System könnte zum Beispiel auf Basis von Pünktlichkeitsquoten vereinbart werden.

Aufgabenträger versuchen mit diesem Instrument die Erstellung eines bestimmten Mindestniveaus an Qualität mit dem unternehmerischen Eigeninteresse zu verbinden. Derartige Instrumente schaffen Klarheit für beide Seiten bei „kleineren" Verstößen gegen Vertragskonditionen durch den Betreiber, wo eine Vertragskündigung durch den Aufgabenträger ungerechtfertigt wäre. Allerdings entstehen durch das Vertragscontrolling zusätzliche Kosten für den Aufgabenträger. Problematisch ist die Abgrenzung externer Faktoren wie zum Beispiel der Infrastrukturzugang.[58] Diese wirken sich zwar direkt auf die zu erbringende Qualität aus, sind aber meist nicht vom Betreiber selbst zu verantworten. Brutto- wie Nettovertrag können mit Elementen des Anreizvertrages verknüpft werden.

3.4 Möglichkeiten der Qualitätsfestlegung

Die Qualität der Leistungserstellung (zum Beispiel Pünktlichkeitsquote, Sauberkeit der Fahrzeuge) kann grundsätzlich vor, während und nach dem Verfahren festgelegt werden, wie Lehmann (1999, S. 167 – 172) erläutert. Diese Verfahrensoptionen des Aufgabenträgers werden im Folgenden kurz erläutert. Eine vergleichende ex-post Analyse deutscher SPNV-Vergabeverfahren hinsichtlich des tatsächlich erreichten Qualitätsniveaus (Zielerreichungsgrad) existiert bislang aufgrund fehlender Daten jedoch nicht.

3.4.1 Festlegung vor dem Vergabeverfahren

Im Rahmen des Ausschreibungsverfahrens muss zwangsläufig ein Mindestmaß an Qualität vorgegeben werden, um eine gewisse Vergleichbarkeit der Angebote durch den Aufgabenträger sicherzustellen. Bei Ausschreibungen im SPNV werden in jedem Falle Mindestvorgaben hinsichtlich der Qualität gemacht. Bei einer Festlegung

---

[57] Vgl. Borrmann (2003a, S. 98), der darauf hinweist, dass die Nachfrage relativ qualitätsunelastisch ist. Vgl. für einen Überblick über SPNV Elastizitäten Borrmann (2003a, S. 18 – 21).

[58] Vgl. Werner (1998, S. 219 – 222).

des gesamten Qualitätsniveaus durch den Aufgabenträger vor dem Vergabeverfahren führen zusätzliche Qualitätsleistungen der Bieter nicht zu einer verbesserten Bewertung der Angebote. Die Zuschlagswahrscheinlichkeit erhöht sich nicht durch die Zusatzleistungen, so dass durch dieses Vorgehen eine Homogenisierung der Gebote erreicht wird, die eine Reihung allein nach dem Zuschussbedarf ermöglicht. Dies führt zu einem verstärkten Kostenwettbewerb. Die Festlegung vor dem Verfahren findet insbesondere beim o. g. Bruttovertrag Verwendung.[59]

3.4.2 Festlegung nach dem Vergabeverfahren

Der Aufgabenträger definiert bei diesen Verfahren ein Mindestmaß an Qualität. Der Betreiber kann allerdings selbständig ein höheres Maß an Qualität erbringen, wobei der Betreiber zumeist zusätzlich zum Kosten- auch das Erlösrisiko trägt. Hierdurch wird er mit den Erfolgen oder Misserfolgen seiner Entscheidungen direkt konfrontiert. Dies entspricht in weiten Teilen dem o. g. Nettovertrag oder dem Anreizvertrag. Der gewinnmaximierende Betreiber würde ausgehend von der vereinbarten Mindestqualität während der Vertragslaufzeit alle qualitätssteigernden Maßnahmen ergreifen, deren Grenzkosten die durch zusätzliche Fahrgäste generierten Grenzerlöse decken würden.[60]

3.4.3 Festlegung im Vergabeverfahren

Eine Alternative zu den o. g. Verfahren könnte ein Qualitätswettbewerb während des Vergabeverfahrens sein. Die im Verlauf des Verfahrens ermittelte Qualität wäre mit dem Zeitpunkt der Zuschlagserteilung Vertragspflicht für den Betreiber. Problematisch ist allerdings die Bewertung der einzelnen Qualitätseigenschaften durch den Aufgabenträger, da dieses Verfahren einer multidimensionalen Auktion entspricht. Es muss daher ein Verfahren gewählt werden, das eine Reihung der Gebote anhand einer einzigen Dimension ermöglicht.

Als Möglichkeit der Transformation in eine Dimension werden das Monetarisierungsverfahren oder ein Qualitätsindex vorgeschlagen. Das Monetarisierungsverfahren drückt den Nutzen eines bestimmten Qualitätsniveaus in Geldeinheiten aus und ermöglicht so die Reihung und Bewertung der Gebote anhand einer einzigen Dimension. Die Nutzenbestimmung erfolgt mit Hilfe von Verfahren der Wohlfahrtsökonomie.

Eine alternative Bewertungsmethode stellt der Qualitätsindex dar. Dabei werden den einzelnen Teilqualitäten Punkte zugewiesen, so dass jede Teilqualität ent-

---

[59] Vgl. Borrmann (2003a, S. 97) sowie Laeger (2004, S. 58 – 64) und Gandenberger (1961, S. 92 – 104).

[60] Vgl. Borrmann (2003a, S. 97 f.).

sprechend ihrer Bedeutung gewichtet wird. Der Qualitätsindex ergibt sich aus der addierten Gesamtpunktzahl. Diese ermöglicht eine Reihung der Gebote.[61]

Die Transformation der Qualitätseigenschaften und des Zuschussbedarfes in eine Dimension sind für eine nachvollziehbare Vergabeentscheidung unerlässlich. Die Art der Transformation muss den Bietern mit den Verdingungsunterlagen, die die Vergabebedingungen und die Vertragsbedingungen enthalten, mitgeteilt werden, da diese ihre Gebote nach der im Transformationsprozess festgelegten Gewichtung einzelner Kriterien ausrichten und so das Bewertungsverfahren antizipieren. Allerdings muss sichergestellt werden, dass ein Bieter nicht im Rahmen von Nachverhandlungen die Konzepte anderer Bieter übernehmen kann. Ein solches Verhalten würde den Innovationsanreiz für den einzelnen Bieter reduzieren.

Borrmann (2003a, S. 140 f.) plädiert in diesem Zusammenhang für eine Bestimmung des Qualitätsniveaus im Vergabeverfahren, um so die Kreativität der Unternehmen zu nutzen. Ein Mindestniveau sollte dabei jedoch vorgegeben sein.

---

[61] Vgl. Borrmann (2003a, S. 108 – 141), der einen Überblick über die Verfahren zeigt.

Kapitel II: Markteintrittsbarrieren und Anreize bei SPNV-Vergaben

Anreize beeinflussen das Handeln von Personen und Institutionen im Wirtschaftsleben.[62] Sie haben im Wesentlichen zum Ziel, das Handeln eines Vertragspartners im eigenen Sinne zu beeinflussen.[63] Im Falle von SPNV-Vergaben will der Aufgabenträger sicherstellen, dass die Erbringung der Verkehrsdienstleistung durch den Betreiber so kostengünstig wie möglich erfolgt, während gleichzeitig ein hohes Qualitätsniveau gewährleistet werden soll.

Dieses Kapitel stellt die wesentlichen ökonomischen Rahmenbedingungen von Anreizen im Verlauf der Anbahnung der Vertragsbeziehung (Vergabeverfahren) und während der Vertragslaufzeit dar. Grundlage bildet eine Betrachtung aus Sicht der Neuen Institutionenökonomik, die um den Aspekt der Partizipations- und Anreizkompatibilitätsbedingung sowie um eine Risikobetrachtung ergänzt wird. Diese Grundlagen werden erweitert um eine Betrachtung des Ausschreibungswettbewerbs einschließlich der für diesen Anreiz hinderlichen Markteintrittsbarrieren. Anschließend wird ein Überblick über potenzielle Informationsasymmetrien aus Sicht der Informationsökonomik gegeben. Das Kapitel schließt mit der Darstellung eines wohlfahrtsmaximierenden Anreizsystems. Die so gewonnenen theoretischen Erkenntnisse bilden die Grundlage für die Bewertung von SPNV-Ausschreibungen.

1. Grundlagen

1.1 Problemstellung aus Sicht der Neuen Institutionenökonomik

Die Forschungsrichtung der Neuen Institutionenökonomik ging hervor aus der Kritik an der neoklassischen Wirtschaftstheorie, die von vollkommener Markttransparenz und der Neutralität der Institutionen ausgeht. So wurde laut Richter und Furobotn (2003, S. 2) ein Mangel in der „Beschäftigung mit institutionellen Nebenbedingungen und Transaktionskosten" festgestellt. Die Neue Institutionenökonomik versucht deshalb das Marktverhalten mit Hilfe des Ansatzes der Prinzipal-Agenten-Theorie, des Transaktionskostenansatzes und des Verfügungsrechtsansatzes zu er-

---

[62] Vgl. Laux (1990, S. 6), der Anreize mit Belohnungen gleichsetzt, die Entscheidungsträger veranlassen, sich für die Ziele ihrer Institution einzusetzen. Zur Übertragbarkeit auf allgemeine Vertragsbeziehungen vgl. Lazear (1998, S. 744).

[63] Vgl. Varian (2003, S. 679), der es mit den Worten umschreibt: „How can I get someone to do something for me? ".

klären.[64] Diese Untersuchung konzentriert sich auf den Prinzipal-Agenten-Ansatz. Da die darüber hinaus in der Neuen Institutionenökonomik existierenden Theorien des Transaktionskostenansatzes und des Verfügungsrechtsansatzes ein umfassendes Verständnis der Vertragsbeziehung erleichtern, werden diese Denkmodelle ebenfalls kurz skizziert.

1.1.1 Prinzipal-Agenten-Ansatz

Im Rahmen eines Vertragsverhältnisses muss davon ausgegangen werden, dass die Vertragspartner vor und während der Vertragslaufzeit über bestimmte Sachverhalte unterschiedlich gut informiert sind. Diesen Informationsvorteil können sie jeweils „strategisch zu ihren Gunsten ausnutzen, was von den schlechter Informierten wiederum antizipiert werden kann", wie Fees (1997, S. 583) betont.[65] Die Prinzipal-Agenten-Theorie greift die Problematik dieser asymmetrischen Informationsverteilung auf. Grundlage ist laut Fees (1997, S. 585) die Agency-Beziehung, in der ein schlecht informierter Prinzipal einen besser informierten Agenten veranlassen möchte, sich „in seinem Sinne zu verhalten".[66]

Mit Hilfe der Delegation von Aufgaben an den Agenten kann der Prinzipal die Vorteile der Arbeitsteilung nutzen. Aufgrund der asymmetrischen Informationsverteilung geht er allerdings gleichzeitig das Risiko einer schlechten Vertragserfüllung ein, da ein Vertrag, der auf einer symmetrischen Informationsverteilung basiert, vollständig formuliert und (vor Gericht) durchsetzbar ist, allein schon aufgrund der Kosten kaum realisiert werden kann.[67] Damit hat der Agent einen gewissen Handlungsspielraum.

Die normative Prinzipal-Agenten-Theorie versucht das Problem der asymmetrischen Informationsverteilung zu lösen, indem der Agent nur ein einziges Vertragsangebot durch den Prinzipal erhält (take-it-or-leave-it-offer). Die Offerte enthält Anreize, die den Agenten zu Handlungen im Sinne des Prinzipals veranlassen. Der Agent kann entweder annehmen oder ablehnen. Ausgehend vom rational handelnden Nutzenmaximierer wird angenommen, dass der Agent jedes Angebot annimmt, dass ihm mindestens einen so hohen Nutzen (bzw. Gewinn) wie die Ablehnung des Vertragsangebotes bietet. Aus dieser Perspektive erhält der Prinzipal den gesamten Verhandlungsgewinn. Eine Annahme dieser extremen Verhandlungsmacht des

---

[64] Zur Abgrenzung der Ansätze vgl. Göbel (2002, S. 60 – 155) sowie Richter und Furobotn (2003, S. 55 – 312).

[65] Vgl. Fees (1997, S. 583 – 587) allgemein zur asymmetrischen Informationsverteilung.

[66] Vgl. Jensen und Meckling (1976, S. 308) sowie Sappington (1991, S. 45). Zum Prinzipal-Agenten-Ansatz vgl. außerdem einführend Göbel (2002, S. 61 f. und S. 98 f.).

[67] Vgl. Richter und Furobotn (2003, S. 167).

Prinzipals ist allerdings nur bei vollständiger Konkurrenz und damit intensiven Wettbewerb der potenziellen Agenten realistisch.[68]

Vom mikroökonomisch fundierten, normativen Ansatz ist der eher empirisch fundierte positive Ansatz der Prinzipal-Agenten-Theorie abzugrenzen. Der positive Ansatz beschäftigt sich dabei insbesondere mit den Vertretungskosten (agency costs). Die Basis bildet ein Idealzustand ohne Informationskosten, der eine „first-best"-Lösung ermöglichen würde. Es könnte in diesem Fall der beste Agent ausgewählt werden, der seinerseits keine Möglichkeit hätte, sich opportunistisch zu verhalten. Risiko besteht nicht, da die zukünftigen externen Einflüsse vollkommen bekannt und im Vertrag annahmegemäß einkalkuliert sind. Die tatsächlichen Handlungen des Agenten würden den vom Prinzipal gewünschten Handlungen vollkommen entsprechen und der Prinzipal würde seine Wohlfahrt maximieren.[69]

Aufgrund der vorliegenden Informationsasymmetrien kann jedoch bestenfalls eine „second-best"-Lösung herbeigeführt werden. In diesem Fall bestehen die agency costs gemäß Jensen und Meckling (1976, S. 308) aus den Kosten der Überwachung des Agenten durch den Prinzipal, den vertragsspezifischen Ausgaben des Agenten (zum Beispiel Kautionen) und dem Residualverlust durch die verbleibende Abweichung der Handlungen des Agenten von der imaginären first-best Lösung. Die Minimierung der agency costs unterliegt einem trade-off: Je niedriger die Informationsasymmetrie, desto niedriger der Residualverlust, da man der first-best Lösung näher kommt. Allerdings wird die Reduzierung der Informationsasymmetrie mit höheren Informationskosten erkauft.

Kritik erfährt der Prinzipal-Agenten-Ansatz durch Göbel (2002, S. 118 – 128) für die ausschließliche Orientierung am Homo Oeconomicus, der nur seinen eigenen Nutzen maximieren will. Vertrauensbildende Maßnahmen, die darauf aufbauen, dass sich der Agent nicht bei jeder Gelegenheit opportunistisch verhält, würden kaum berücksichtigt.

Exemplarisch kann diese Kritik Göbels am Lösungsansatz von Richter und Furobotn (2003, S. 182 – 185) bei fehlender Durchsetzbarkeit von Vereinbarungen festgemacht werden. Die Autoren empfehlen in diesem Falle sich selbst durchsetzende bzw. implizite Verträge. Hierbei wiegt der Nutzen eines Fortbestandes des Vertrages höher als ein Abbruch, was Vertrauen schafft. Dieser Ansatz basiert ebenfalls auf nutzenmaximierenden Individuen. Zwischenmenschliches Vertrauen findet in diesem Ansatz keine Beachtung, was der Kritik Göbels entspricht. Da das Verhalten der Wirtschaftssubjekte dennoch stark, wenn auch nicht gänzlich, vom gewinn- bzw. nutzenmaximierendem Verhalten geprägt ist, werden in dieser Arbeit Vertragsverhältnisse als Prinzipal-Agenten-Beziehungen eingestuft. Die Betrachtung erfolgt dabei aus der Sicht des Prinzipals unter der Prämisse eines normativen

---

[68] Zum normativen Ansatz vgl. Fees (1997, S. 585 und S. 588). Zum rational handelnden Nutzenmaximierer (Homo Oeconomicus) in diesem Zusammenhang vgl. Göbel (2002, S. 23 – 28 und S. 100).

[69] Vgl. Richter und Furobotn (2003, S. 176 – 182) zur Unterscheidung des positiven Ansatzes vom normativen Ansatz.

Prinzipal-Agenten-Ansatzes. Dies entspricht der von Richter und Furobotn (2003, S. 215) gewählten Methode.

Entscheidet sich die öffentliche Hand für die Vergabe von SPNV-Verkehrsleistungen im Rahmen eines wettbewerblichen Verfahrens birgt der Betreiberwechsel, weg vom ursprünglich oft staatseigenen Bahnunternehmen hin zu einem Verkehrsvertrag zwischen Staat und Betreiber, das Problem der asymmetrischen Informationsverteilung. Aus Sicht der öffentlichen Hand führt dies zu einem komplexen trade-off: Einerseits ist der Staat bestrebt, die Vorteile der Arbeitsteilung und des Wettbewerbs, insbesondere im Hinblick auf mögliche Einsparpotenziale, zu nutzen. Andererseits sieht er sich im Rahmen der Daseinsvorsorgeverpflichtung zur Sicherstellung einer bestimmten Qualität der Verkehrsdienstleistung verpflichtet, die er bei einer Vergabe der Verkehrsleistung aufgrund der Informationsasymmetrie nicht mehr vollständig beeinflussen kann.

Das entstehende Vertragsverhältnis ist dabei als Prinzipal-Agenten-Beziehung einzustufen, bei dem der Aufgabenträger als Prinzipal dem Betreiber als Agenten ein take-it-or-leave-it-offer in Form eines Verkehrsvertrages als Bestandteil der Vergabebedingungen macht.[70] Dieser reguliert die Vertragsbeziehung. Der Aufgabenträger ist dabei bestrebt, die bestehenden Informationsasymmetrien unter Beachtung der agency costs Problematik so weit als möglich zu reduzieren.

1.1.2 Transaktionskosten- und Verfügungsrechtsansatz

Im Gegensatz zum Prinzipal-Agenten-Ansatz, der sich mit den Auswirkungen der Informationsasymmetrie beschäftigt, geht der Transaktionskostenansatz dem Einfluss der Kosten von Transaktionen auf das Verhalten der Marktteilnehmer nach. Die Annahme der Neoklassik, dass die Aktivitäten der Marktteilnehmer kostenlos und problemlos funktionieren, wird hiermit aufgehoben. Nach Williamson (1990, S. 1) findet eine Transaktion dann „…statt, wenn ein Gut oder eine Leistung über eine technisch trennbare Schnittstelle hinweg übertragen wird. Eine Tätigkeitsphase endet, eine andere beginnt." Transaktionskosten vergleicht Williamson an gleicher Stelle mit Reibung, die z. B. bei mechanischen Prozessen entstehe.

Im Rahmen eines Vertragsverhältnisses, zum Beispiel zwischen Aufgabenträger und Betreiber, können Transaktionskosten in folgende Arten gegliedert werden: Such- und Informationskosten im Zuge der Anbahnung des Vertrages, Kosten der Verhandlung und Entscheidungsfindung sowie Überwachungskosten während der Vertragslaufzeit (ggf. zuzüglich Durchsetzungskosten bei Vertragsverstößen, insgesamt auch häufig als Kosten des Vertragscontrollings bezeichnet).[71] Damit stellt

---

[70] Vgl. Borrmann (2003a, S. 86).

[71] Vgl. Coase (1937, S. 390 f.), der als einer der ersten die „contract costs" von Transaktionen herausarbeitete, sowie Williamson (1990, S. 21 – 26). Richter und Furobotn (2003, S. 58 – 61) betonen zusätzlich die Kosten sozialer Beziehungen. Schätzungen zufolge können Transaktionskosten 50 bis 60 Prozent des Nettosozialproduktes erreichen, vgl. Richter und Furobotn (2003, S. 53).

der Transaktionskostenansatz den Einfluss der Kosten von Transaktionen auf das Marktverhalten in den Vordergrund, während sich der Prinzipal-Agenten-Ansatz auf die Informationsasymmetrie zwischen den Vertragspartnern konzentriert.

Den Einfluss von Verfügungsrechten auf das Verhalten der Marktteilnehmer untersucht der Verfügungsrechtsansatz. Als Verfügungsrecht wird „jede Art von Berechtigung, über Ressourcen (materielle oder immaterielle) zu verfügen, sei es von Gesetzes wegen, aus Vertrag oder aufgrund sozialer Verpflichtungen" verstanden, wie Göbel (2002, S. 67) erläutert.[72] Es wird angenommen, dass Privateigentum zu einem effizienten Umgang mit knappen Ressourcen beiträgt und damit die Wohlfahrt fördert. So wird Eigentum gegenüber Miete die Motivation zur Werterhaltung tendenziell steigern.

Der Ansatz unterscheidet sowohl absolute als auch relative Verfügungsrechte. Das Privateigentum wird als absolutes Verfügungsrecht eingeordnet. Hiervon werden relative Verfügungsrechte abgegrenzt, die einen Anspruch aus einem Vertrag begründen. Das nutzenmaximierende Verhalten der Marktteilnehmer führt annahmegemäß zu einer verbesserten Wohlfahrt, da die Ressourcen über relationale Verträge der jeweils bestmöglichen Nutzung zugeführt werden. Während der Prinzipal-Agenten-Ansatz, wie oben geschildert, das Verhalten der Marktteilnehmer mit bestehenden Informationsasymmetrien zu erklären versucht, stellt der Verfügungsrechtsansatz somit das Ausmaß des Verfügungsrechtes in den Mittelpunkt der Betrachtungen.

Der Vertrag des Aufgabenträgers mit einem Betreiber über die Erbringung einer (SPNV-) Verkehrsdienstleistung kann als Werkvertrag eingeordnet werden.[73] Es kommt ein vertragliches Schuldverhältnis mit relativen Verfügungsrechten zustande. Dieses fördert aus Sicht des Verfügungsrechtsansatzes die Wohlfahrt.[74] Die entstehenden Transaktionskosten reduzieren aus Sicht des Aufgabenträgers mögliche Erfolge bei der Senkung des Zuschussbedarfs. Die Transaktionskosten beeinflussen damit indirekt die Entscheidung über Umfang und Häufigkeit von Ausschreibungen.

1.2 Partizipations- und Anreizkompatibilitätsbedingung

Um eine erfolgreiche Vergabe und eine wunschgemäße Vertragserfüllung zu gewährleisten, steht der Aufgabenträger als Prinzipal vor der Aufgabe, die Rahmenbedingungen der Ausschreibung und die Bedingungen des Verkehrsvertrages in der Vorbereitungsphase adäquat zu gestalten. Die Anreize müssen so gesetzt werden, dass eine Angebotsabgabe für die Marktteilnehmer attraktiv und eine Vertragserfüllung im Sinne des Prinzipals gewährleistet ist. Ein erfolgreiches System von Anreizen sollte deshalb die Erlöse des Agenten von seiner tatsächlich erbrachten Leistung abhängig machen, wobei die Ermittlung eines adäquaten Anreizschemas ein schwieriger Prozess ist.

---

[72] Vgl. außerdem Richter und Furobotn (2003, S. 90 – 213).

[73] Vgl. Werner (1998, S. 210 f.).

[74] Vgl. Richter und Furobotn (2003, S. 158 f.) sowie Göbel (2002, S. 67 und S. 82).

Die Theorie unterscheidet in diesem Zusammenhang die Partizipations- und die Anreizkompatibilitätsbedingung. Während die Partizipationsbedingung einen Erlös vergleichbar einer alternativen Geschäftsmöglichkeit als Voraussetzung für eine Teilnahme des Agenten fordert, verlangt die Anreizkompatibilitätsbedingung einen leistungsorientierten Zahlungsstrom, um während der Vertragslaufzeit den Agenten zu einem Handeln im Sinne des Prinzipals zu veranlassen. Beide Ansätze werden im Folgenden überblicksartig skizziert.[75]

Ausgehend von einer Prinzipal-Agenten-Beziehung sei a das Anstrengungsniveau des Agenten zur Leistungserfüllung im Sinne des Prinzipals. Der Output des Agenten sei mit $y = f(a)$ vom Anstrengungsniveau des Agenten abhängig. Vereinfachend wird y mit einem Preis von 1 bewertet, so dass y gleichzeitig dem Wert des Outputs entspricht. $z(y)$ sei die vom Output abhängige Bezahlung, die der Prinzipal dem Agenten zahlt. Der Prinzipal maximiert seinen Gewinn (bzw. seine Wohlfahrt), indem er die Differenz aus $y - z(y)$ maximiert.

Es wird angenommen, dass die Kosten des Agenten $C(a)$ in der üblichen Weise mit einem zunehmenden Anstrengungsniveau steigen. Der Agent wählt dann ein Anstrengungsniveau a, dass seinen Nutzen $z(y) - C(a) = z(f(a)) - C(a)$ maximiert. Seine bestmögliche Alternative, zum Beispiel eine andere Geschäftsmöglichkeit, stifte ihm maximal den Nutzen U^A.

Damit ein Agent ein Vertragsverhältnis mit dem Prinzipal eingeht, muss der Nutzen hieraus mindestens so hoch sein, wie der Nutzen U^A seiner bestmöglichen Alternative, wie auch McCall (1970, S. 839) betont. Dies ist die Kernaussage der Partizipationsbedingung:

$$(3) \qquad z(f(a)) - C(a) \geq U^A$$

Damit lässt sich der maximal mögliche Output, den der Prinzipal im Vertragsverhältnis vom Agenten erhalten kann, bestimmen.

Der Prinzipal maximiert die Differenz zwischen dem vom Anstrengungsniveau des Agenten abhängigen Output und dem vom Output (und damit vom Anstrengungsniveau) abhängigen Zahlungsstrom an den Agenten unter der Nebenbedingung (3):

$$(4) \qquad \max_a f(a) - z(f(a))$$

$$\text{so dass } z(f(a)) - C(a) \geq U^A$$

Es wird angenommen, dass der Agent das Vertragsverhältnis eingeht, wenn die Bedingung $z(f(a)) - C(a) = U^A$ gerade noch erfüllt ist. Es ergibt sich:

$$(5) \qquad \max_a f(a) - C(a) - U^A$$

---

[75] Vgl. Salanié (1997, S. 21 – 26), Laffont und Tirole (1993, S. 55 – 57) sowie Varian (2003, S. 679 – 682).

Nach Auflösung zeigt sich, dass der Prinzipal den Agenten zur Wahl eines Anstrengungsniveaus a^* veranlassen muss, bei dem die Grenzerlöse gleich den Grenzkosten sind:

$$(6) \qquad GE(a^*) = GK(a^*)$$

Hierfür ist durch den Prinzipal ein Zahlungsschema zu wählen, dass durch adäquate Anreizmechanismen den Nutzen des Agenten bei der Wahl des Anstrengungsniveaus a^* höher ausfallen lässt, als bei allen übrigen Anstrengungsniveaus a. Dies ist die Kernaussage der Anreizkompatibilitätsbedingung:[76]

$$(7) \qquad z(f(a^*)) - C(a^*) > z(f(a)) - C(a) \text{ für alle } a$$

Übertragen auf den Schienenpersonennahverkehr bedeutet dies, dass die Unternehmen sich am Vergabeverfahren als Bieter beteiligen, wenn der dadurch generierte Nutzen für sie mindestens genauso hoch bzw. höher ist wie bei einer für sie realisierbaren Geschäftsalternative. Dies stellt die Partizipationsbedingung dar. Eine Leistungserbringung im Sinne des Aufgabenträgers wird durch ein adäquates Zahlungsschema erreicht, welches von der tatsächlich erbrachten Leistung des Agenten abhängig ist.[77] Dieses sollte im Idealfall so ausgerichtet sein, dass jegliche von den Wünschen des Aufgabenträgers abweichende Leistungserbringung für den Agenten einen geringeren Nutzen hat als exakt die vom Aufgabenträger gewünschte Leistung. Dies stellt die Anreizkompatibilitätsbedingung dar.

1.3 Einfluss des Risikos

Um eine anreizkompatible Vertragsform wählen zu können, müssen sich die Vertragspartner zunächst über ihre Risikoeinstellung im Klaren sein. Risikoneutral handelnde Vertragspartner werden ihre Entscheidungen lediglich am Erwartungswert ihrer Handlungsalternativen ausrichten. Die Unsicherheit eines Ereignisses fließt lediglich mit der Eintrittswahrscheinlichkeit in ihre Überlegungen ein. Risikoaverse Vertragspartner hingegen haben eine Präferenzordnung, bei der Handlungsalternativen mit geringerer Unsicherheit bei gleichem Erwartungswert vorgezogen werden. Bei gleich bleibendem Erwartungswert steigt der Erwartungsnutzen für diese Wirtschaftssubjekte bei zunehmender Sicherheit.[78]

Zur Verdeutlichung wird in Abbildung 5 unten die von Neumann-Morgenstern-Nutzenfunktion eines risikoaversen Wirtschaftssubjektes mit konkavem Verlauf dargestellt.[79]

---

[76] Es wird angenommen, dass nur ein echt höherer Nutzen zu einer eindeutigen Lösung führt.

[77] Die Erlöse des Agenten könnten im SPNV bestehen aus: Fahrgelderlösen, Bonus und/oder Malus-Zahlungen und Subventionen.

[78] Vgl. Eger (1995, S. 65 – 72) sowie Fees (2000, S. 38 – 42).

[79] Im Falle eines risikoneutralen Vertragspartners wäre die Funktion linear.

Abbildung 5: Risiko-Nutzenfunktion

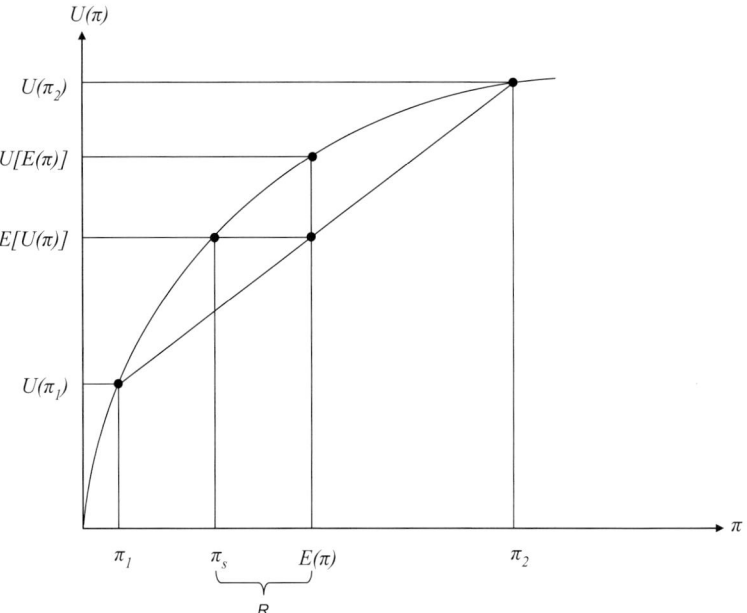

Quelle: Eigene Darstellung in Anlehnung an Eger (1995, S. 66)

Es wird angenommen, dass das Wirtschaftssubjekt aus zwei alternativen Verträgen wählen kann. Alternative A stellt einen Vertrag dar, in dem der Gewinn entweder π_1 oder π_2 beträgt. Jede dieser Gewinnmöglichkeiten hat eine Eintrittswahrscheinlichkeit von 50 Prozent. Bei Vertragsalternative B ist ihm hingegen ein Betrag entsprechend dem Erwartungswert $E(\pi) = 0,5\ \pi_1 + 0,5\ \pi_2$ sicher. Er verliert hierbei die Chance auf π_2, vermeidet aber das Risiko lediglich π_1 zu erwirtschaften. Der risikoaverse Vertragspartner wird sich für die sichere Alternative B entscheiden. Sein Nutzen $U[E(\pi)]$ aus Alternative B ist höher als sein erwarteter Nutzen $E[U(\pi)]$ aus Alternative A, wie Abbildung 5 oben zeigt.
Es gilt:

(8) $U[E(\pi)] > E[U(\pi)] = 0,5\ U(\pi_1) + 0,5\ U(\pi_2)$

Ein Gewinn in Höhe von π_s, bei dem der Nutzen gerade dem Erwartungswert des Nutzens der möglichen Einkommen entspricht, stellt ein Sicherheitsäquivalent dar. Formal ausgedrückt:

(9) $U[\pi_s] = E[U(\pi)]$

46

Ein risikoaverser Agent wird für die Übernahme des Gewinnrisikos von Alternative A eine Risikoprämie in Höhe von $R = E(\pi) - \pi_s$ verlangen, um seinen Nutzen der Alternative A dem der Alternative B anzugleichen.[80] Sie ist gleichzeitig die Versicherungsprämie, die der Agent maximal zahlen würde, um das Einnahmerisiko auszugleichen.

Die Krümmung der von Neumann-Morgenstern-Nutzenfunktion gibt damit Auskunft über den Grad der Risikoaversion des Agenten. Je höher die Risikoaversion eines Wirtschaftssubjektes, desto stärker die Krümmung der Kurve, desto größer ist die Differenz zwischen $U[E(\pi)]$ und $E[U(\pi)]$. Die zunehmende Krümmung erhöht gleichzeitig die Differenz zwischen $E(\pi)$ und π_s. Damit stellt die Risikoprämie bzw. die Versicherungsprämie bei gegebener Eintrittswahrscheinlichkeit der Gewinne π_1 und π_2 ebenfalls ein geeignetes Maß für die Risikoaversion dar.[81]

Ein objektives Maß für das Risiko, dem das Wirtschaftssubjekt ausgesetzt ist, stellt die Streuung der möglichen Gewinne (hier: π_1 und π_2) um den Erwartungswert des Gewinns (hier: $E(\pi)$) dar. Mit zunehmendem Abstand zwischen π_1 und π_2 erhöht sich das Risiko. Bei gegebenem Risikoaversionsgrad steigt bei zunehmender Streuung damit auch die Risikoprämie bzw. Versicherungsprämie.

Da Risiken im Wirtschaftsleben unvermeidbar sind, empfiehlt Eger (1995, S. 69 – 72) die Risiken zwischen den Vertragsparteien aufzuteilen. Der prozentuale Anteil einer Partei am Risiko könnte über einen so genannten Risikoteilungsparameter festgelegt werden. Je stärker die Risikoaversion einer Partei ist, desto geringer sollten die Gewinne dieser Partei schwanken, womit die weniger risikoaverse Partei in gewisser Hinsicht die Funktion eines Versicherers übernimmt. Im wohlfahrtsmaximalen Fall sollten die Risiken risikoaverser Wirtschaftssubjekte vollständig von risikoneutralen Wirtschaftssubjekten übernommen werden.

Williamson (1976, S. 82) argumentiert ähnlich. Da die Kosten- und Nachfragefunktionen im Zeitablauf üblicherweise Veränderungen unterliegen, empfiehlt er bei Langzeitverträgen die Implementierung indexbasierter Preisanpassungen. Dadurch lässt sich nach seiner Ansicht das Risiko reduzieren. Auch Demsetz (1968, S. 63 – 65) spricht sich zumindest für die Möglichkeit der Neuverhandlung in Fällen großer Kostensteigerungen aus. Eger (1995, S. 69 – 72.) verweist in diesem Zusammenhang allerdings auf das Problem unvollständig spezifizierbarer und durchsetzbarer Verträge, die das Risiko opportunistischen Verhaltens einer Vertragspartei implizieren. Hier existiert ein trade-off zwischen Risikoallokation und Anreizen zu effizientem Handeln.

Zukünftige, externe Einflüsse können zum Zeitpunkt des Vertragsabschlusses gerade bei langfristigen (SPNV-)Verträgen nicht mit Sicherheit vorhergesagt werden. Für den Fall unterschiedlicher Risikoneigung kann deshalb über den Vertrag gleichzeitig ein impliziter Versicherungsvertrag geschlossen werden, den der Risikoneutrale dem Risikoaversen anbietet. Die Prinzipal-Agenten-Theorie unterstellt

---

[80] In diesem Falle wäre $U[E(\pi)] = E[U(\pi)] + U(R)$.

[81] Vgl. Eger (1995, S. 67).

dem Agenten meist eine stärkere Risikoaversion als dem Prinzipal. Im Folgenden wird deshalb dem Aufgabenträger als Prinzipal eine eher risikoneutrale Einstellung zugesprochen. Der Betreiber als Agent sei in Grenzen risikoavers. Dies gilt insbesondere im Hinblick auf externe, von ihm nicht beeinflussbare Einflüsse, die nach dem kaufmännischen Prinzip der Vorsicht in der Kalkulation mit Risikokosten berücksichtigt werden müssen.[82]

Der Aufgabenträger ist laut Borrmann (2003a, S. 92) mit zwei Risikoarten konfrontiert: Dem exogenen Vertragsrisiko und dem endogenen Vertragsrisiko. Beim exogenen Vertragsrisiko können die Vertragspartner Veränderungen der Umweltzustände während der Laufzeit weder beeinflussen noch gänzlich abschätzen. Als endogenes Risiko wird der Umstand bezeichnet, dass der Aufgabenträger keine Kenntnis darüber hat, ob sich das Unternehmen während der Laufzeit kooperativ oder opportunistisch verhält. Eine vollständige Differenzierung zwischen exogenen und endogenen Ursachen bei einer Abweichung des Ergebnisses von den Vertragsvorgaben ist aus Sicht des Aufgabenträgers in der Regel schwierig.

2.   Ausschreibungswettbewerb

Im Vorfeld der Vergabe stellt sich für den Aufgabenträger die Frage, wie er seiner vorher festzulegenden Zielsetzung (Senkung des Zuschussbedarfes und/oder Qualitätssteigerung) am Besten gerecht wird. Corneo (2002, S. 18) unterscheidet zwei Bestandteile eines optimalen Mechanismus zur Aufgabenregulierung: Wettbewerb um den Marktzugang und Anreizsysteme während der Vertragslaufzeit. Dieses Kapitel konzentriert sich insbesondere auf den Wettbewerb um den Marktzugang, der im Folgenden als Ausschreibungswettbewerb bezeichnet wird.

Einen entscheidenden Einfluss auf den Ausschreibungswettbewerb hat zunächst die Wahl eines adäquaten Ausschreibungsverfahrens. Nachstehend werden deshalb die vier Grundformen von Auktionen beschrieben. Anschließend erfolgt eine Übertragung der gewonnenen Erkenntnisse auf Ausschreibungen des Schienenpersonennahverkehrs. Die Betrachtung wird ergänzt um die Gefahr des Überbietens, besser bekannt als „Fluch des Gewinners". Im Weiteren werden die so genannte „optimale Auktion" und potenzielle Markteintrittsbarrieren, die den für eine erfolgreiche Ausschreibung erforderlichen Wettbewerb behindern könnten, dargestellt. Gleichzeitig werden zwei für die spätere Analyse wichtige Arbeitshypothesen entwickelt. Bei der Betrachtung wird unterstellt, dass die Bieter (bzw. Agenten) rational handeln und alle ihnen zur Verfügung stehenden Informationen vollständig in ihre Entscheidungen einbeziehen.

---

[82]   Vgl. Laeger (2004, S. 66), der betont, dass aus diesem Grund seriöse (und damit risikoaversere) Bieter mit höheren Kostensteigerungsraten als risikofreudigere Bieter kalkulieren müssen.

2.1 Auktionstheoretische Grundformen

Wolfstetter (1999, S. 184) definiert Auktionen wie folgt: „An auction is a bidding mechanism, described by a set of auction rules that specify how the winner is determined and how much he has to pay." Der Vorteil von Auktionsverfahren liegt in ihrer hohen Verkaufsgeschwindigkeit, in der Offenlegung der Werteinschätzungen der Käufer und in der Transparenz des Verfahrens.

Der Anbieter (Verkäufer) legt die Regeln bzw. das Design der Auktion fest. Ein interessierter Käufer (Bieter) kann diese Regeln entweder annehmen und bieten oder ablehnen und nicht an der Auktion teilnehmen. Damit stellt das Design eines Auktionsverfahrens ein take-it-or-leave-it-offer dar. Das Recht des Verkäufers, die Auktionsregeln zu bestimmen, gibt ihm einen Vorteil, da hierdurch sowohl das Auktionsverfahren als auch das Ergebnis beeinflusst werden kann. Dieser Vorteil wird in der Spieltheorie auch als first-mover-advantage bezeichnet.

2.1.1 Offene und verdeckte Auktionen[83]

Unterschieden werden offene und verdeckte Auktionen. Offene Auktionen ermöglichen den Bietern auf die Gebote ihrer Kontrahenten zu reagieren und ein Gegengebot abzugeben. Bei verdeckten Auktionen hingegen erfolgt die Gebotsabgabe der Bieter simultan und voneinander unabhängig.

Die bekannteste Form offener Auktionen ist die Englische Auktion. Hierbei erhöht der Auktionator kontinuierlich den Preis und die Bieter signalisieren, ob sie ihr Gebot weiterhin aufrechterhalten. Wenn ein Preis erreicht ist, der nur noch einem Bieter die Aufrechterhaltung seines Gebotes erlaubt, endet die Auktion und dieser Bieter erhält den Zuschlag. Diese Auktionsform findet zum Beispiel bei der Versteigerung von Kunstobjekten Verwendung.

Eine weitere Form der offenen Auktion ist die Holländische Auktion. Bei diesem Verfahren beginnt der Auktionator bei einem hohen Preis und reduziert diesen sukzessive, bis ein Bieter seine Kaufbereitschaft signalisiert. Diese Auktionsform findet im holländischen Blumengroßhandel Verwendung.

Die Grundformen der verdeckten Auktionen sind die Höchstpreis- und die Zweitpreis-Auktion. In beiden Auktionsformen geben die Bieter ein schriftliches Angebot ab und der Auktionator erteilt dem höchsten Gebot den Zuschlag. Im Höchstpreisverfahren zahlt der Gewinner der Auktion einen Preis entsprechend seinem Gebot. Im Falle einer Zweitpreis-Auktion hingegen zahlt der Gewinner einen Preis entsprechend dem zweithöchsten Gebot.[84]

---

[83] Dieser Abschnitt orientiert sich insbesondere an Wolfstetter (1999, S. 182 – 186) sowie an Krishna (2002, S. 2 f.).

[84] Vgl. Vickrey (1961, S. 20 – 23), der diese Auktionsform als Alternative zur Englischen Auktion entwickelte.

2.1.2 Ausschreibungen

Die Ausschreibung oder Lizitation „ist das genaue Spiegelbild der dem Verkauf dienenden Versteigerung (bzw. Auktion, Anm. d. Verf.); sie ist eine Einkaufs-Versteigerung'" so Gandenberger (1961, S. 22). Hierbei unterbieten sich die Teilnehmer so lange, bis ein Gebot erreicht wurde, dass von keinem mehr unterschritten wird. Dieses Gebot erhält dann den Zuschlag. Gandenberger (1961, S. 30 – 35) definiert die Ausschreibung als „Beschaffung durch eine förmliche Anzeige" auf einer Veranstaltung mit organisierter Konkurrenz. Im Unterschied zu Auktionen ist die Preisbildung weniger stark reglementiert. Allerdings ist die beschaffende Stelle stärker an Regeln gebunden.

Soweit im Schienenpersonennahverkehr ordentliche Ausschreibungsverfahren (Verhandlungsverfahren, beschränktes oder offenes Verfahren) zu beobachten sind, entsprechen diese Verfahren prinzipiell dem Höchstpreisverfahren, wenngleich die Vorzeichen umgekehrt sind. Geboten wird nicht ein vom Bieter zu zahlender Preis, sondern eine vom Bieter zu empfangende staatliche Geldleistung zum Betrieb der ausgeschriebenen Verkehrsleistung. Eine SPNV-Ausschreibung lässt sich demnach, bis auf wenige Ausnahmen, im Wesentlichen dadurch charakterisieren, dass der Gewinner die niedrigste Subvention zum Betrieb der Strecke geboten hat.[85] Der öffentliche Träger bedient sich als Monopsonist somit eines Niedrigstpreisverfahrens.[86] Zwar ist aus theoretischer Sicht die Zweitpreisausschreibung im betrachteten SPNV-Markt gegenüber der Niedrigstpreisausschreibung vorteilhafter, da sie jedoch in der Praxis bisher keine Relevanz aufweist, konzentriert sich die folgende Betrachtung auf das zumeist verwendete Niedrigstpreisverfahren.[87]

Die Informationen über das Auktionsobjekt, die Kriterien der Gebotsbewertung und die Regulierung des Vergabeverfahrens ergeben sich für die Bieter aus den Verdingungsunterlagen. Die Informationen über das Auktionsobjekt bestehen dabei insbesondere aus den Informationen über das ausgeschriebene SPNV-Netz und der vom Betreiber zu erbringenden Leistung. Die Bewertung der Gebote bildet die Grundlage für die Entscheidung über den Zuschlag an den besten Bieter. Die Regulierungsbedingungen des Vergabeverfahrens stellen aus Sicht der Auktionstheorie das Design der Auktion dar. Die Verdingungsunterlagen bilden mit dem hierin enthaltenen Verkehrsvertrag das take-it-or-leave-it-offer des Prinzipals.

2.2 Fluch des Gewinners

In der Auktionstheorie wird die Wertschätzung der Bieter mit unterschiedlichen Ansätzen beschrieben. Hervorzuheben sind das Modell des private value und das

---

[85] Vgl. Preston et al. (2000, S. 100), die den im Schienenverkehr in Großbritannien üblichen Begriff des „Franchise" von sonstigen Ausschreibungen auf ähnliche Weise abgrenzen.

[86] Vgl. Laffont und Tirole (1993, S. 322 f.) sowie Borrmann (2003a, S. 89 – 92).

[87] Vgl. Borrmann (2003a, S. 62 – 86, S. 89 – 92 und S. 236) zur Vorteilhaftigkeit der Zweitpreisauktion.

Modell des common value.[88] Wenn jeder Bieter dem zu versteigernden Objekt einen Wert zuweist, der nur ihm selbst bekannt ist und der unabhängig von der Wertschätzung der übrigen Bieter ist, kann von einem private value-Ansatz gesprochen werden. Üblicherweise unterliegt die Versteigerung von Kunstobjekten, bei denen der Wert des Auktionsobjektes primär von der Einstellung des Bieters abhängig ist, einer privaten Wertschätzung.

Beim common value-Ansatz hingegen ist der exakte Wert des Objektes den Bietern zum Zeitpunkt der Auktion unbekannt. Die Bieter verfügen lediglich über eine Schätzung oder ein privates Signal über den tatsächlichen Wert zum Beispiel durch eigene Untersuchungen. Nach der Auktion messen alle Bieter dem zu versteigernden Objekt jedoch den gleichen Wert V^* bei. Als Beispiel wird die Versteigerung von Ölbohrlizenzen angeführt, bei der die Bieter aufgrund eigener geologischer Untersuchungen zum Zeitpunkt der Auktion unterschiedliche Erwartungen bezüglich des Reservoirs haben. Die tatsächlich förderbare Menge ist jedoch für alle Bieter gleich hoch.

Der common value-Ansatz ist Grundlage für die Betrachtung des so genannten Fluchs des Gewinners.[89] Im betrachteten Modell bieten N potenzielle Käufer im Rahmen einer Höchstpreisauktion um ein Auktionsobjekt. Die Bieter seien völlig symmetrisch und damit sowohl in ihren Kostenfunktionen als auch in den gewählten Bietstrategien gleich. Der Bieter i erhält eine zufallsabhängige private Information (ein Signal) $S_i = s$ über den tatsächlichen Wert des Auktionsobjektes. Das private Signal entstammt einer stetig verteilten Zufallsvariable mit den Grenzen $(V^* - c, V^* + c)$ um den tatsächlichen Wert des Auktionsobjektes V^*. Dabei stellt c die maximal mögliche Ausprägung der Zufallsvariable in eine Richtung dar, wie unten die Abbildung 6 zeigt. Auf Basis dieser Information ist die Wertschätzung v des Bieters i über den tatsächlichen Wert V^* ex ante $E[V^* \mid S_i = s] = v$, auf Basis derer er mittels der gewählten Bietstrategie die Höhe seines Gebotes bestimmt.

Abbildung 6: Intervall privater Signale

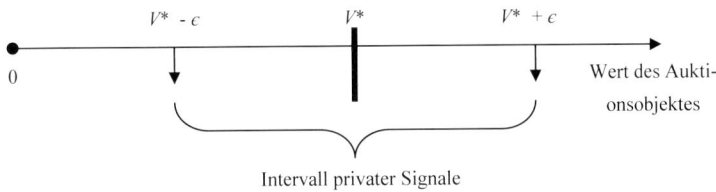

Intervall privater Signale

Quelle: Eigene Darstellung in Anlehnung an Kagel und Levin (2002, S. 372)

Wenn Bieter i tatsächlich der Gewinner der Auktion wird und jeder Bieter der gleichen Strategie folgte, haben die anderen $N - 1$ Bieter ein niedrigeres Signal erhalten

---

[88] Vgl. Krishna (2002, S. 3 f., S. 86 und S. 269 – 272), die zusätzlich die Zwischenform des Modells affiliierter Wertschätzungen beschreibt.

[89] Vgl. Wolfstetter (1999, S. 225 – 229) sowie Krishna (2002, S. 84 f.).

als Bieter i. Das Gebot aller übrigen Bieter war demzufolge aufgrund des jeweils niedrigeren Erwartungswertes geringer als das Gebot von Bieter i. Die Information, dass Bieter i der Gewinner der Auktion ist, veranlasst ihn (Bieter i) sofort, seinen Erwartungswert zu revidieren. Dieser fällt von $E[V^* \mid S_i = s]$ auf $E[V^* \mid S_i = s, S_j < s]$. S_j stellt das nächst höchste Signal eines anderen Bieters j dar, dass dieser vor der Auktion erhalten hat.

In einer reinen common value-Auktion ist jedes private Signal eines Bieters $S_i = V^* + u_i$ mit einem stetig verteilten Störterm u_i und einem Erwartungswert des Störterms von $E[u_i] = 0$ aus Sicht eines risikoneutralen Bieters ein unverzerrter Schätzer des tatsächlichen Wertes V^* des Auktionsobjektes. Allerdings trifft dies zumindest auf das Höchste der N Signale nicht zu, da in diesem Falle das Signal den wahren Wert des Auktionsobjektes übersteigt. Bezieht der Bieter dieses Risiko nicht in seine Überlegungen mit ein, kann es zum Fluch des Gewinners („winner's curse") kommen: Das Gebot des Bieters übersteigt den tatsächlichen Wert des Auktionsobjektes, was zu einer negativen Auszahlung für den Gewinner führt. Die vor der Auktion festgelegte Wertschätzung v war eine Überschätzung des tatsächlichen Wertes.[90]

Um eine negative Auszahlung zu vermeiden, werden rationale Bieter die Gefahr des winner's curse antizipieren und ihre Gebote entsprechend ihrer Risikoeinschätzung reduzieren. Zusätzliche Informationen reduzieren das Bewertungsrisiko und ermöglichen so eine bessere Einschätzung der Gebote. Formal ausgedrückt wird c mit einer steigenden Informationsmenge reduziert. Den Bietern wird hierdurch eine Reduzierung des Risikoabschlages ermöglicht.

Bei SPNV-Ausschreibungen könnte dieses Problem bei Nettoausschreibungen insbesondere in Bezug auf die Kalkulation der Fahrgelderlöse zutreffen. Zwar verfügen die Bieter zum Zeitpunkt der Gebotsabgabe über Hinweise über die Höhe der Nachfrage. Wie hoch das tatsächliche Fahrgelderlöspotenzial ist, lässt sich jedoch erst nach Betriebsaufnahme feststellen. Anzumerken ist, dass für die Bieter darüber hinaus Kosten der Informationsbeschaffung bestehen, so dass aus Sicht des Bieters ein trade-off zwischen Reduzierung der Unsicherheit (verringertes c) und möglichst geringen Kosten der Angebotserstellung besteht.

2.3 Optimale Auktion und Wettbewerb

Die Auktionstheorie unterscheidet die Zielsetzung des Auktionators hinsichtlich einer optimalen Auktion von einer Zielsetzung unter Wohlfahrtsaspekten Aus der Perspektive des Auktionators ist das Design eines Auktionsverfahrens dann optimal, wenn es den durch die Auktion erzielten Erlös maximiert. Auf SPNV-Ausschreibungen bezogen ist ein Ausschreibungsdesign aus Sicht des Aufgabenträgers dann optimal, wenn der monetäre (Zuschuss-) Bedarf minimiert wird. Aus der Wohlfahrtsbetrachtung heraus ist ein Auktionsverfahren dann effizient, wenn

---

[90] Vgl. Kagel und Levin (2002, S. 2).

das versteigerte Objekt an den Bieter mit der (ex post) höchsten Zahlungsbereitschaft geht. Übertragen auf die hier betrachteten Ausschreibungen bedeutet dies, dass eine optimale Auktion den Vertrag dem Unternehmen zuteilt, das die effizienteste Kostenstruktur aufweist.[91]

Um eine aus Sicht des Auktionators optimale Auktion durchzuführen, fordert Demsetz (1968, S. 56 f.), dass Ausschreibungen bei öffentlichen Vergaben immer dann zu verwenden sind, wenn es mehrere mögliche Kandidaten zur Durchführung des entsprechenden staatlichen Projektes gibt. Über den Wettbewerb der Bieter untereinander werde die effizienteste Unternehmung ausgewählt und damit der niedrigste Preis erreicht. Demsetz unterscheidet hierbei explizit den Wettbewerb um den (exklusiven) Markteintritt von der Möglichkeit zur Produktion unter monopolistischen Bedingungen nach Gewinn der Ausschreibung. Der Wettbewerb um den Markt verhindert nicht die Nutzung der Skaleneffekte im Markt selbst. Im Falle eines natürlichen Monopols ermöglicht die Auswahl des (effizientesten) Produzenten über eine Ausschreibung die Nutzung der Größenvorteile (Economies of Scale), da dem Gewinner ein exklusives Produktionsrecht eingeräumt wird.

Angeregt durch Demsetz (1968, S. 55 – 65) zeigen Laffont und Tirole (1993, S. 309 – 318) modelltheoretisch, dass eine Erhöhung der Anzahl der Bieter grundsätzlich zu einer steigenden Produktivität des Gewinners der Ausschreibung führt, da das Anstrengungsniveau des Gewinners sich dem optimalen Niveau asymptotisch annähert. Mit zunehmender Anzahl der Bieter sinken somit die Kosten der ausschreibenden Stelle.

Ein grundsätzliches Problem bei der Ausschreibung von Leistungen natürlicher Monopole durch den Staat bleibt gemäß Demsetz (1968, S. 58 – 62) die Bildung von Bieterkartellen. Bieter, die einem Kartell beitreten, werden mit der Zahlung eines Anteils am (Monopol-) Gewinn belohnt. Die relativ geringe Bieterzahl, die auf oligopolistisch organisierten Märkten öffentlicher Ausschreibungen üblich ist, begünstigt kollusive Absprachen des Kartells aufgrund der relativ geringen Kosten der Absprache. Ziel des Prinzipals muss deshalb die Erhöhung der Kosten der Absprache zum Beispiel durch eine Erhöhung der Anzahl der Bieter sein. Gleichzeitig sollte er bestrebt sein, die Aufteilung des Kartellgewinns zu erschweren.

2.4   Markteintrittsbarrieren

Die ökonomische Theorie betont die grundsätzlich positiven Auswirkungen von Wettbewerb. Wie stark die Auswirkungen dieses „Anreizinstrumentes" sind, hängt nicht zuletzt von der Intensität des Wettbewerbs ab. Die ökonomische Theorie geht davon aus, dass der Gleichgewichtspreis in einem Markt umso niedriger ist, je mehr Unternehmungen sich aktiv am Markt beteiligen. Ausgehend von einem gewinnmaximierenden Verhalten der Unternehmen werden solange neue Konkurrenten in den Markt eintreten, bis die Verzinsung des investierten Kapitals dem Kapi-

---

[91]   Vgl. Krishna (2002, S. 5 f.) sowie Laffont und Tirole (1993, S. 318).

talmarktzins zuzüglich einer Risikoprämie entspricht.[92] Die maximale Wohlfahrt ist erreicht, wenn der Preis den Grenzkosten der Produktion entspricht.[93] Wilson (1977, S. 511 – 518) zeigt, dass ein steigender Wettbewerbsdruck bei einer Erstpreisauktion zu einer verbesserten Situation für den Auktionator führt: Je höher die Anzahl der Bieter, desto eher ist der Auktionserlös in der Nähe des wahren Wertes des Auktionsobjektes.

(Vollkommener) Wettbewerb kann durch Markteintrittsbarrieren beeinträchtigt werden. Subsumiert werden unter diesem Begriff im Allgemeinen alle Nachteile eines neu auf einen Markt eintretenden Unternehmens (gegenüber den auf diesem Markt befindlichen (An)-Bietern).[94] Fisher (1979, S. 23) definiert Markteintrittsbarrieren wie folgt: „A barrier to entry is anything that prevents entry when entry is socially beneficial but is somehow prevented."

Bei einer Betrachtung des deutschen SPNV-Marktes ist festzustellen, dass der Wettbewerb nicht im Markt selbst, sondern um den Markt stattfindet. Der Markteintritt vollzieht sich dabei in zwei Stufen. In der ersten Stufe entscheidet ein Unternehmen über den grundsätzlichen Eintritt in den (deutschen) Schienenpersonennahverkehrsmarkt. Hierzu zählt beispielsweise auch die nach AEG notwendige Einholung einer Genehmigung für die Durchführung von (Eisenbahn-) Verkehrsleistungen. Im zweiten Schritt entscheidet das Unternehmen im Vorfeld einer spezifischen Ausschreibung über die Teilnahme an dieser Vergabe und damit über den Eintritt in den Wettbewerb um den zugrunde liegenden Verkehrsvertrag. Im Folgenden werden insbesondere die Markteintrittsbarrieren dieser zweiten Stufe des Markteintritts betrachtet.[95]

2.4.1 Entwicklung einer Hypothese zum Risiko

Im Zuge der Entscheidung des Agenten zur Annahme oder Ablehnung des take-it-or-leave-it-offers des Prinzipals fließt neben einer Beurteilung hinsichtlich der Kosten- und Erlössituation zugleich eine Beurteilung hinsichtlich des vertragsimmanenten Risikos mit ein. Dabei ist zu beachten, dass eine Verlängerung der Laufzeit die Unsicherheit über die Kosten- und Erlössituation während der Vertragsphase tendenziell erhöht. Williamson (1976, S. 81) beschreibt diese Problematik wie folgt: „The upshot is that, although franchise awards can be reduced to a lowest bid price criterion, this is apt to be artificial if the future is uncertain and the service in question is at all complex. Such awards are apt to be arbitrary and/or pose the hazard that 'adventurous' bids will be tendered by those who are best suited or most inclined to assume ... risk."

---

[92] Vgl. Borrmann und Finsinger (1999, S. 273 f.).

[93] Vgl. Bester (2003, S. 10 – 13) sowie Tirole (1995, S. 12 – 14).

[94] Vgl. McAfee et al. (2004, S. 461 – 463).

[95] Für eine Übersicht der Markteintrittsbarrieren der ersten Stufe vgl. beispielsweise IBM Global Business Services und Christian Kirchner (2007).

Betrachtet wird die in Kapitel II.1.2 beschriebene Partizipationsbedingung (3). Hiernach geht der Agent das Vertragsverhältnis mit dem Prinzipal ein, wenn sein Nutzen aus dem Vertragsverhältnis mindestens so hoch ist wie der Nutzen einer alternativen Geschäftsmöglichkeit:

(3) $$z(f(a)) - C(a) \geq U^A$$

Übertragen auf eine (SPNV-) Ausschreibung bedeutet dies, dass der Agent über die Abgabe eines Angebotes die Annahme des take-it-or-leave-it-offer des Prinzipals (Aufgabenträgers) signalisiert, wenn der erwartete Gewinn hieraus mindestens so hoch wie der erwartete Gewinn einer alternativen Geschäftsmöglichkeit ist. Der erwartete Gewinn aus der Vergabe $E(\pi^V)$ besteht aus dem erwarteten Ertrag des (Verkehrs-) Vertrages selbst abzüglich eines anteiligen Abschlages der Kosten der Angebotserstellung. Der erwartete Gewinn einer alternativen Geschäftsmöglichkeit entspricht einer marktorientierten Verzinsung des im Rahmen eines potenziellen Vertragsverhältnisses zu investierenden Kapitals K. Die marktorientierte Verzinsung entspreche dem Kapitalmarktzins r zuzüglich einer Risikoprämie R.[96] Die angepasste Partizipationsbedingung ergibt sich damit wie folgt:

(10) $$E(\pi^V) \geq (r + R) * K$$

Demnach entscheiden die Einschätzung bezüglich des erwarteten Gewinns, der Kapitalmarktzins, die Höhe der Risikoprämie sowie das zu investierende Kapital über die Teilnahme eines Unternehmens an einer Ausschreibung. Der Kapitalmarktzins wird als exogen gegeben angenommen und nicht weiter betrachtet. Das zu investierende Kapital wird im nächsten Kapitel in die Untersuchungen einbezogen.

Ausgehend von einem gegebenen erwarteten Gewinn der Vergabe $E(\pi^V)$ zeigt sich, dass der Grad der Risikoaversion einen direkten Einfluss auf die Teilnahmewahrscheinlichkeit eines Unternehmens an einer Ausschreibung hat. Eine steigende Risikoaversion und/oder ein steigendes vertragsimmanentes Risiko senkt den erwarteten Gewinn der Ausschreibung. Gleichzeitig wird der erwartete Gewinn einer alternativen Geschäftsmöglichkeit über eine steigende Risikoprämie erhöht, wie auch McCall (1970, S. 839 f.) in seinem Modellansatz zeigt. Die Teilnahmewahrscheinlichkeit wird in diesem Fall sinken. Bei gegebener Risikoaversion der Bieter kann das vertragsimmanente Risiko deshalb eine Markteintrittsbarriere darstellen, die einzelne Bieter von einer Angebotsabgabe abhält.

---

[96] Vgl. Salanié (1997, S. 71 – 73) zum Einfluss des Risikos auf die Partizipationsbedingung. Um eine Vergleichbarkeit zwischen $E(\pi^V)$ und dem Gewinn aus einer Anlage des Kapitals am Kapitalmarkt herzustellen, müssen beide „Anlageformen" vom Risiko her vergleichbar sein. Die Vergleichbarkeit wird über R ermöglicht. Vgl. außerdem Borrmann und Finsinger (1999, S. 273 f.). Die zu Grunde liegenden Annahmen orientieren sich stark an dem Modell von McCall (1970), der allerdings ein abweichendes Untersuchungsziel verfolgt.

Daraus lässt sich folgende Hypothese ableiten:

H: *Je höher das vertragsimmanente Risiko einer Vergabe, desto geringer ist die Anzahl der Bieter in der Ausschreibung.*

Aus Sicht des Agenten setzt sich das Risiko dabei aus zwei Risikokomponenten zusammen: Dem Kosten- und dem Erlösrisiko. Hinsichtlich der Kosten besteht aus Sicht des Agenten (bzw. Bieters), insbesondere bei längeren Laufzeiten, Unsicherheit über die Preisentwicklung der Inputfaktoren. Wie in Kapitel II.1.3 dargestellt, empfiehlt die ökonomische Theorie deshalb die Übernahme des Preissteigerungsrisikos durch den risikoneutralen Vertragspartner. Da die Prinzipal-Agenten-Theorie regelmäßig von einem risikoneutralen Prinzipal ausgeht, würde dem Aufgabenträger die Übernahme zumindest eines Anteils dieses Risikos zufallen. Je niedriger die Übernahme des Kostenrisikos, desto eher wäre die Partizipationsbedingung aus Sicht eines einzelnen Bieters nicht erfüllt.

Neben dem Kostenrisiko kann auch das Erlösrisiko die Partizipationswahrscheinlichkeit der Bieter negativ beeinflussen. Wie in Kapitel II.2.2 gezeigt besteht insbesondere bei Auktionsobjekten, die dem common value-Ansatz zuzuordnen sind, die Gefahr des Überbietens. Da die Bieter diese Gefahr annahmegemäß antizipieren werden, erhöht eine steigende Unsicherheit über den wahren Wert des Auktionsobjektes das Erlösrisiko und senkt damit die Attraktivität des take-it-or-leave-it-offers des Prinzipals aus Sicht des Agenten.

Neben dem Risiko der Kostenentwicklung und dem Erlösrisiko, die im Zentrum der Untersuchungen stehen, weist die Literatur auf weitere Markteintrittsbarrieren hin, die dem Aspekt des Risikos eingeordnet werden können. So argumentieren McAfee et al. (2004, S. 464 f.), dass bei hohen Kapitalkosten neue Unternehmen ohne ausreichende Ressourcen entmutigt werden, den Markteintritt aufgrund der hohen Risiken zu wagen. Das Risiko ist ihnen im Verhältnis zu ihren eigenen Ressourcen zu hoch. Gandenberger (1961, S. 105) betont, dass das Ausmaß und die Intensität des Wettbewerbs von der Größe der Ausschreibung abhängt. Um viele Unternehmen zur Teilnahme zu bewegen, sollte die Auftragsgröße daher nicht zu umfangreich gewählt werden. Dies entspricht auch der Empfehlung von Borrmann (2003b, S. 10), der sich für eine angepasste Größe der Ausschreibungen ausspricht. Damit können neben den oben genannten Parametern auch die Ressourcenstärke der Unternehmen sowie die Auftragsgröße die Teilnahmewahrscheinlichkeit beeinflussen.

2.4.2   Einfluss der Kapitalintensität

Marktzutrittsschranken können gemäß Bain (1956, S. 11 – 19) in folgende Formen unterschieden werden: Absolute Kostenvorteile aufgrund eines Know-how-Vorsprungs, absolute Kostenvorteile aufgrund begrenzter Finanzierungsmöglichkeiten für neu eintretende Unternehmen, Produktdifferenzierungsvorteile (Markentreue) sowie Betriebsgrößenvorteile aufgrund von Skaleneffekten. Tirole (1995, S. 671) betont das Risiko, dass auch der Staat den Marktzutritt beschränkt. Als Beispiel nennt er „eine Vergabepolitik bei öffentlichen Aufträgen, die Wettbewerbsbeschränkungen nach sich zieht".

Salop (1979, S. 141 – 156) untersucht den Marktzutritt insbesondere in Abhängigkeit von den fixen Kosten. In seinem Modellansatz stellen die fixen bzw. die Marktzutrittskosten die einzigen Markteintrittsbarrieren dar, ansonsten herrscht freier Marktzutritt. Er nimmt Preiswettbewerb (Bertrand-Wettbewerb) an und geht von einer großen Zahl identischer Unternehmen mit konstanten Grenzkosten aus. Er kommt zu dem Schluss, dass im Gleichgewicht ein Anstieg der fixen Kosten in einem Markt die Anzahl der Unternehmen verringert. Die Unternehmen treten so lange in den Markt ein, bis ihre Gewinne gleich Null sind. Konvergieren die fixen Produktionskosten hingegen gegen Null, nähert sich der Marktpreis den Grenzkosten und die Zahl der in den Markt eintretenden Unternehmen geht in diesem Modell gegen unendlich. Fixe Kosten stellen damit eine Markteintrittsbarriere dar, was zu einer unvollkommenen Konkurrenzsituation führt.[97]

Eine besondere Stellung in der Betrachtung der Fixkosten als Marktaustrittsbarrieren nehmen die so genannten sunk costs (versunkenen Kosten) ein. Diese werden von den Unternehmen in einer antizipierten Betrachtung als Marktzutrittbarrieren eingeordnet. Unter sunk costs sind Produktionsfaktoren bzw. Inputs einzuordnen, die keine alternative Verwendung haben oder deren zweitbeste Verwendung einen erheblich niedrigeren Wert aufweist (sowohl innerhalb des Unternehmens als auch im freien Markt). Die durch diese Inputs verursachten fixen Kosten werden als sunk costs bezeichnet. Bezogen auf den Marktzutritt sind sie irreversibel, sobald sie aufgewandt wurden. Sind mit einem Markteintritt hohe sunk costs verbunden, erhöht das zwangsläufig auch das Risiko des eintretenden Unternehmens. Bei einem Misserfolg wären diese Investitionen unwiederbringlich verloren.[98]

Wie Laeger (2004, S. 86 – 90) zeigt, lässt sich insbesondere im SPNV ein hoher Fixkostenanteil feststellen. Damit können aus Sicht der Theorie Markteintrittsbarrieren aufgrund von Finanzierungskosten oder aufgrund der Höhe der Fixkosten selbst entstehen, wie die Ansätze von Bain bzw. Salop zeigen. Sunk costs, die zum Beispiel im Rahmen der Angebotserstellung anfallen, können eine zusätzliche Barriere darstellen.

2.5   Zwischenfazit

Die grundsätzliche auktionstheoretische Einordnung der SPNV-Ausschreibungen als Niedrigstpreisverfahren hat gezeigt, dass der Aufgabenträger als Monopsonist

---

[97]   Vgl. Tirole (1995, S. 622 – 628). Das Modell bezieht realistischerweise die Produktdifferenzierung in die Betrachtung mit ein, womit die Annahme eines vollkommenen Wettbewerbs jedoch nicht mehr aufrecht gehalten werden kann.

[98]   Vgl. Borrmann und Finsinger (1999, S. 110 – 112), Tirole (1995, S. 676 – 678) sowie McAfee et al. (2004, S. 463) zur sunk costs Problematik.

den Bietern mit den Verdingungsunterlagen ein take-it-or-leave-it-offer macht. Weiter wurde erläutert, dass bei Auktionsobjekten, die unter den Ansatz des common value eingeordnet werden können, die Gefahr des Fluchs des Gewinners besteht. Dieses Risiko muss von den Bietern insbesondere beim Erlösrisiko einkalkuliert werden.

Für den Aufgabenträgers besteht ein optimales Design der Auktion dann, wenn der Subventionsbedarf minimiert wird. Aus Sicht der ökonomischen Theorie kann dieses Ziel am besten durch die Sicherstellung eines intensiven Wettbewerbs um den Markt mittels einer hohen Anzahl an Bietern erreicht werden. Im betrachteten Markt gibt es allerdings Markteintrittsbarrieren die Bieter von der Abgabe eines Angebotes abhalten können. Diese bestehen zum einen insbesondere in der Höhe des Risikos, das als entscheidende Größe für die Anzahl der Bieter eingeordnet wurde. Darüber hinaus können Markteintrittsbarrieren existieren, die durch allgemeine Fixkosten und/oder sunk costs entstehen.

3. Informationsasymmetrie und Anreizmechanismen

Wie bereits beschrieben greift die Prinzipal-Agenten-Theorie das Problem der asymmetrischen Informationsverteilung auf. Grundlage ist ein Vertragsverhältnis, bei dem der schlechter informierte Prinzipal den besser informierten Agenten mit einer (Verkehrsdienst-) Leistung beauftragt. Die Theorie unterscheidet zunächst zwischen unvollständiger und unvollkommener Information.[99]

Bei unvollständiger (incomplete) Information sind die Vertragspartner über bestimmte Eigenschaften unterschiedlich gut informiert, die während der Vertragsdauer unverändert bleiben. Es liegt eine asymmetrische Informationsverteilung vor Vertragsabschluß (ex ante) vor. Bei diesem Zustand der unbekannten Typen (hidden information: Die Leistungsfähigkeit des Vertragspartners kann ex ante nicht eingeschätzt werden) kann das Problem der adversen Selektion auftreten. Es ist davon auszugehen, dass der Agent seine Leistungsfähigkeit besser kennt als der Prinzipal. Der besser Informierte kann sich vor Vertragsabschluß opportunistisch verhalten und seine tatsächliche Leistungsfähigkeit (bzw. das ihm maximal mögliche Anstrengungsniveau a) verbergen. Aus Sicht des Prinzipals besteht die Gefahr der Auswahl eines Agenten, der nicht die höchste Leistungsfähigkeit besitzt.

Bei unvollkommener (imperfect) Information hingegen sind zu Beginn des Vertragsverhältnisses zwar alle Eigenschaften bekannt, während der Vertragslaufzeit können einige Handlungen des Agenten jedoch nicht beobachtet werden (hidden action). Diese Informationsasymmetrie nach Vertragsabschluß (ex post) birgt das Risiko des moral hazard. Der besser Informierte kann sich während der Vertragslaufzeit opportunistisch verhalten.

---

[99] Vgl. Fees (1997, S. 583 – 587) sowie Richter und Furobotn (2003, S. 215 – 17) für einen Überblick.

Weiterhin treten Probleme bei unvollständigen oder schlecht durchsetzbaren Verträgen auf. So können Schwierigkeiten bei der Einigung im Falle unvorhergesehener Ereignisse auftreten. Weiterhin können Probleme hinsichtlich der Durchsetzbarkeit von Ansprüchen eines Vertragspartners vor Gericht auftreten. Unvollständige oder schlecht durchsetzbare Verträge sind problematisch, weil die tatsächlichen Handlungen des Vertragspartners im Falle eines auftretenden Problems während der Vertragslaufzeit ex ante nicht gänzlich eingeschätzt werden können. Seine Absichten bleiben verborgen (hidden intentions). Auch wenn sich die Vertragspartner, und insbesondere der Prinzipal, der bestehenden Informationsasymmetrien bewusst sind, bleiben in jedem Vertragsverhältnis aufgrund der unvollkommenen Voraussicht und bestehender Informations- und Durchsetzungskosten Vertragslücken bestehen. Im Folgenden wird ein Überblick über die wesentlichen theoretischen Ansätze zur Identifizierung und Minimierung der Informationsasymmetrien gegeben.

3.1 Adverse Selektion

Sind dem Prinzipal (bzw. Aufgabenträger) zum Zeitpunkt des Vertragsabschlusses die Leistungsfähigkeit als Summe der Eigenschaften und Fähigkeiten eines Agenten (bzw. Betreibers) nicht bekannt, besteht ex ante bis zum Zeitpunkt des Vertragsabschlusses eine unvollständige Information. Ex post wird diese Informationsasymmetrie aufgelöst.[100]

Abbildung 7: Adverse Selektion

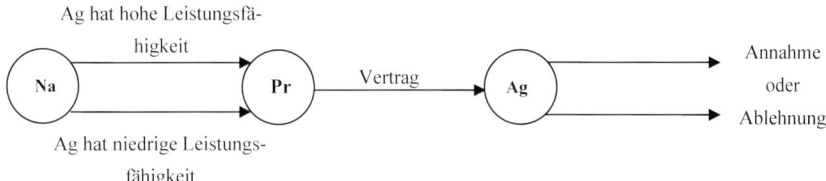

Quelle: Eigene Darstellung in Anlehnung an Richter und Furobotn (2003, S. 240)

Zu diesem Zeitpunkt jedoch liegen die Vertragsbedingungen bereits fest.[101] Im Rahmen der in Abbildung 7 oben dargestellten, spieltheoretischen Betrachtung würde der Zufall bzw. die Natur (Na) im ersten Schritt die Leistungsfähigkeit eines Agenten festlegen, die nur dieser erfährt. Im zweiten Schritt bietet der Prinzipal (Pr) dem Agenten einen Vertrag an, den der Agent (Ag) annehmen oder ablehnen

---

[100] Da das Zahlungsschema im Bietverfahren zumeist festgelegt wird, dürfte für den Aufgabenträger bei Vertragsabschluss insbesondere die Leistungsfähigkeit hinsichtlich des Qualitätsniveaus von Bedeutung sein. Ob der Betreiber tatsächlich eine dem Aufgabenträger genehme Qualität erbringen kann, zeigt sich naturgemäß erst während der Vertragslaufzeit.

[101] Der nun folgende Abschnitt orientiert sich insbesondere an Richter und Furobotn (2003, S. 239 – 263) sowie Fees (2000, S. 625 – 677).

kann.[102] Für den Agenten kann die Nichtoffenbarung seiner tatsächlichen Leistungsfähigkeit rational sein, um zum Beispiel durch Vortäuschung einer überhöhten Leistungsfähigkeit hinsichtlich der Qualität den Zuschlag im Vergabeverfahren zu erhalten. Er versucht daher seine wahren Eigenschaften zu verbergen (hidden characteristics). Ziel einer effizienten Vertragsgestaltung muss eine Offenbarung der tatsächlichen Leistungsfähigkeit durch den Agenten selbst im Vorfeld des Vertragsabschlusses sein. Um eine adverse Selektion zu vermeiden, muss sich die Ehrlichkeit für den Agenten lohnen.

Als Lösungsmöglichkeit verweisen Richter und Furobotn (2003, S. 243 – 248) auf den Mechanismus der Selbstselektion (self selection). Hierbei offeriert der Prinzipal dem Agenten ein Menü verschiedener Verträge, aus denen sich der Agent den für ihn gewinn- bzw. nutzenmaximalen Vertrag auswählt. Durch seine Wahl offenbart er seine Leistungsfähigkeit wahrheitsgemäß, vorausgesetzt die Verträge lassen aufgrund der Konstruktion ihrer Bedingungen einen eindeutigen Rückschluss zu. Gagnepain und Ivaldi (2002, S. 608 f. und S. 626) kommen zum Beispiel in einer empirischen Analyse des französischen ÖSPV-Marktes zu dem Schluss, dass ein effizienter Betreiber aus den ihm offerierten Vertragsformen stets einen Bruttovertrag wählt. Ein ineffizienter Betreiber hingegen wählt stets einen Kostenerstattungsvertrag ohne jegliches Risiko, bei dem ihm ex post die entstandenen Kosten durch den öffentliche Auftraggeber ausgeglichen werden.[103]

Als einer der ersten Autoren griff Akerlof (1970, S. 488 – 500) das Problem der adversen Selektion auf. In seinem Artikel über den Gebrauchtwagenmarkt, in dem „gute" und „schlechte" Autos gehandelt werden, geht er von Informationsasymmetrie zwischen Verkäufer und Käufer aus. Da der Käufer den Unterschied zwischen schlechten Autos (bezeichnet als „lemons") und guten Autos nicht kennt, wird er beide Autos zum gleichen Preis kaufen. Ausgehend von der bestehenden Informationsasymmetrie zu Lasten der Käufer könnte es nach Meinung von Akerlof zu einer Verdrängung der guten Autos durch die Schlechten kommen, da die Verkäufer kurzfristig gewinnmaximierend handeln und schlechte Autos bei gleichem Preis eine höhere Gewinnmarge aufweisen. In diesem Modell hängt die (Auto-) Nachfrage vom Preis und der durchschnittlichen Qualität ab. Fällt die durchschnittliche Qualität, kommt es im betrachteten Modell im Extremfall zu einem Zusammenbruch des Marktes. Das Angebot wird aufgrund der fallenden, durchschnittlichen Qualität größer als die Nachfrage sein und der Preis auf Null sinken.[104]

---

[102] Da der Prinzipal die Kostenfunktion in diesem Ansatz ex ante nicht kennt, ist ihm eine Ausrichtung des Zahlungsschemas gemäß der Partizipationsbedingung nicht möglich.

[103] Der self-selection Mechanismus ist allerdings bei den untersuchten Vergaben kaum anzutreffen. Lediglich das Auktions- bzw. Ausschreibungsverfahren stellt einen self-selection-Mechanismus dar, da die Bieter sich mit den abgegebenen Geboten selbst reihen, wie Borrmann (2003a, S. 48) feststellt. Hierbei wählen die Bieter allerdings von sich aus ein Vertragsangebot. Dieses wird ihnen nicht von Seiten des Prinzipals mit der Absicht der Selektion offeriert, womit die Annahmen der normativen Prinzipal-Agenten-Theorie (take-it-or-leave-it-offer des Prinzipals und anschließend Vertragswahl des Agenten) nicht mehr erfüllt wäre.

[104] Vgl. Akerlof (1970, S. 490 – 492) für eine formale Darstellung.

Zur Lösung des Problems empfiehlt Akerlof (1970, S. 499 f.) die Verwendung etablierter Institutionen, die Vertrauen schaffen. Durch die Gewährung von Garantien könnte der Verkäufer Signale übermitteln. Des Weiteren seien Markennamen eine wichtige Orientierungsgröße für Käufer. Zertifikate reduzieren die Informationsasymmetrie ebenfalls. Diese Übermittlung von Signalen zur Reduzierung der Informationsasymmetrie wird auch als signaling bezeichnet. Borrmann (2003a, S. 46 f.) verweist darauf, dass ein Signal nur dann glaubhaft ist, wenn die signaling-Kosten für einen schlechten Agenten höher sind als der ihm dadurch entstehende Nutzen. Um die Übermittlung des Signals attraktiv zu halten, müssen die signaling-Kosten gleichzeitig für einen guten Agenten geringer sein als der ihm dadurch entstehende Nutzen. Ein weiteres Vertrauen schaffendes Element ist die freiwillige Hinterlegung eines Pfandes des Agenten zugunsten des Prinzipals. Mit dieser Form des signaling bindet sich der Agent selbst gegen opportunistisches Verhalten.[105]

Versucht der Prinzipal von sich aus vor Vertragsabschluss Informationen über die Eigenschaften und Fähigkeiten des Agenten einzuholen, wird dies als screening bezeichnet. Die entstehenden Such- und Informationskosten sind solange vertretbar, wie der entstehende Nutzen für den Prinzipal mindestens genauso hoch ist. Aufgrund bestehender Überschneidungen kann das screening allerdings nicht eindeutig vom signaling abgegrenzt werden.[106] Im SPNV sind für eine Verhinderung der adversen Selektion neben der Verwendung des self selection-Mechanismus insbesondere die Verwendung freiwilliger Signale eines potenziellen Betreibers, wie Ausbildungszertifikate oder Zertifizierung des Betriebes, denkbar. Darüber hinaus kann der Aufgabenträger als Prinzipal Nachweise über die Leistungsfähigkeit des Agenten vor Vertragsabschluss abfordern, wie zum Beispiel Bilanzen oder die o. g. Ausbildungszertifikate.

3.2　Moral hazard

Der Ansatz der unvollkommenen Information (imperfect information) beschreibt einen Zustand, bei dem im ersten Schritt ein Vertragsabschluss zwischen dem Prinzipal (Pr) und dem Agenten (hier: Ag_1) zustande kommt. Im Anschluss an den Vertragsabschluss (ex post) kann der Prinzipal die Anstrengungen des Agenten (hier: Ag_2) während der Vertragslaufzeit nicht vollständig beobachten (hidden action oder auch verborgene Handlungen). Es wird angenommen, dass exogene Einflüsse (Zufallsstörung der Natur: Na) die tatsächlichen Handlungen des Agenten zumindest verzerren.[107] Die Beziehung zwischen der Anstrengung des Agenten und dem beobachtbaren Output y ist somit stochastischer Natur.[108]

---

[105]　Vgl. zu signaling außerdem Fees (2000, S. 654 – 666).

[106]　Vgl. Fees (2000, S. 666 – 676).

[107]　Dieser nun folgende Abschnitt orientiert sich insbesondere an Fees (2000, S. 583 – 623). Für eine formale Darstellung vgl. auch Richter und Furobotn (2003, S. 224 – 239).

[108]　Vgl. Gagnepain und Ivaldi (2002, S. 617), die in einer empirischen Untersuchung des französischen Busmarktes zeigen, dass diese Annahme für den ÖPNV zutreffend ist.

Abbildung 8: Moralisches Risiko bei unbeobachtbarem Arbeitseinsatz

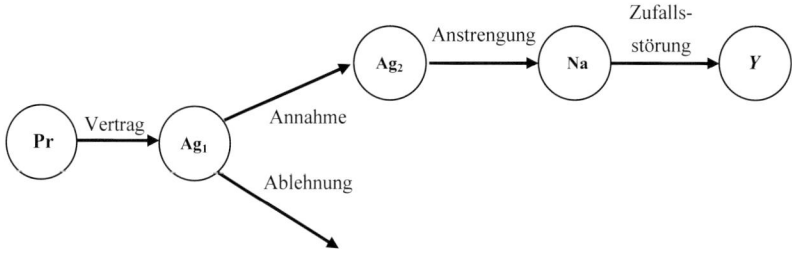

Quelle: Richter und Furobotn (2003, S. 237)

Wie oben in Abbildung 8 ersichtlich, ist ein direkter Rückschluss vom Output y auf die Anstrengungen des Agenten für den Prinzipal (bzw. Aufgabenträger) nicht mehr möglich. Der Agent kann damit nicht ausreichend mit den Konsequenzen seines Handelns konfrontiert werden. Es wird angenommen, dass der gewinn- bzw. nutzenmaximierende Agent diese Möglichkeit opportunistisch ausnutzt, wenn es für ihn rational ist. Im Vergleich zu einer Situation, bei der der Agent unmittelbar mit dem Gesamteffekt seiner Handlungen konfrontiert wäre, wird sein Anstrengungsniveau in diesem Fall geringer sein. Dieses Verhalten wird als moral hazard bezeichnet.

Fees (2000, S. 583 – 587) betrachtet drei Motive der (partiellen) Risikoübertragung, die zur Gefahr eines moral hazard für einen Versicherungsgeber bzw. Prinzipal führen können.[109] Der erste Grund der Risikoübertragung sei das Problem der Budgetbeschränkung der Wirtschaftssubjekte. Die Individuen schließen zur Absicherung von Risiken, die sie nicht selbst tragen können, einen Versicherungsvertrag ab. Dieser Vertrag birgt allerdings für den Versicherungsgeber die Gefahr opportunistischen Verhaltens des Versicherungsnehmers. Ein ausreichend hohes Budget des Agenten oder ein geringes Risiko für den Agenten aus dem Vertragsverhältnis könnten den Bedarf nach einer Versicherung reduzieren. Ein hohes Risiko kann eine Markteintrittsbarriere darstellen, wenn für die Absicherung des Risikos kein Versicherungsgeber bereit steht.

Der zweite Problemkomplex, der auch als klassisches Problem des moral hazard bezeichnet wird, besteht in der Risikoaversion. Wie oben beschrieben, verlangt eine first-best-Lösung, dass die Risiken risikoaverser Wirtschaftssubjekte vollständig von risikoneutralen Wirtschaftssubjekten übernommen werden, da sich letztere lediglich am Erwartungswert orientieren. Bei unbeobachtbaren Handlungen besteht allerdings die Gefahr opportunistischen oder zumindest nicht ausreichend

---

[109] Vgl. Fees (2000, S. 588 – 607) für eine detaillierte formale Darstellung. Als problematisch ist in diesem Ansatz allerdings die Annahme eines bekannten Grades der Risikoaversion einzustufen, der sich in der Praxis ex ante nur schwer ermitteln lassen dürfte.

risikovermeidenden Handelns des Risikoaversen. Diese Gefahr wird umso größer sein, je stärker die Risikoübernahme durch ein risikoneutrales Wirtschaftssubjekt ist. Der trade-off zwischen einer effizienten Risikoallokation und einer ausreichenden Anreizwirkung (Anreizkompatibilität) des Vertrages erlaubt lediglich eine second-best-Lösung.[110]

Ausgehend von einem risikoneutralen Prinzipal und einem risikoaversen Agenten kann dem Agenten keine vollständige Risikoübernahme angeboten werden, da dies die Gefahr opportunistischen Verhaltens birgt. Gleichzeitig wäre ein vollständiger Verzicht auf die Risikoübernahme durch den Prinzipal nur über die Berücksichtigung einer entsprechend hohen Risikoprämie R möglich, um die Partizipationsbedingung noch zu erfüllen. Als Lösungsmöglichkeit ergibt sich ein Vertrag, in dem der Agent nur einen Teil des Risikos trägt. Dieser Anteil am Risiko würde mittels eines Risikoteilungsparameters festgelegt werden. Der Rest der Auswirkungen seines Arbeitseinsatzes verbleibt beim Prinzipal, der versucht, die negativen Auswirkungen des moralischen Risikos mit anderen Vertragsinstrumenten zu minimieren. Die Wirksamkeit des Instruments der leistungsorientierten Bezahlung wird durch den Grad der Risikoaversion des Agenten begrenzt.

Der dritte Problemkomplex, der insbesondere bei Bietergemeinschaften relevant wird, wird als Teamproblem bezeichnet. Produzieren mehrere Wirtschaftssubjekte gemeinsam einen Output, ohne dass sich die Leistungen der einzelnen Teilnehmer ausreichend unterscheiden lassen, besteht aus Sicht des Prinzipals die Gefahr des moralischen Risikos. Aus Sicht der Agenten besteht das Problem des nicht separablen Outputs darin, dass jedes Wirtschaftssubjekt zwar die gesamten Kosten seiner Tätigkeit (das so genannte Arbeitsleid) vollständig trägt, die erhaltene Kompensation in ihrer Höhe allerdings auch von der Leistung der anderen Teammitglieder abhängt.

Ausgehend von risikoneutralen Agenten empfiehlt die ökonomische Theorie als Lösungsansatz, jedem Teammitglied jeweils den gesamten, arbeitseinsatzabhängigen Output des Teams auszubezahlen. Damit wirken sich Veränderungen der Anstrengungen direkt und in voller Höhe auf den Nutzen des verursachenden Teammitgliedes aus. Für das Recht auf den vollen Output zahlen die Teammitglieder dem Prinzipal jeweils einen fixen Beitrag, der dem Erwartungswert des vollen Outputs entspricht. Dieses take-it-or-leave-it-offer des Prinzipals werden die Agenten annahmegemäß aufgrund des vollkommenen Wettbewerbs akzeptieren. Die Partizipations- und die Anreizkompatibilitätsbedingung sind somit erfüllt.

Zusätzlich zu den bisher dargestellten Lösungsansätzen, die insbesondere auf eine anreizkompatible Vertragsgestaltung abzielen, empfiehlt Williamson (1976, S. 82 f.) das monitoring. Dieser Begriff steht für alle Überwachungs- und Kontrollaktivitäten des Prinzipals zur Reduzierung der ex post Informationsasymmetrie.

---

[110] Vgl. Salanié (1997, S. 109 – 122), der die Problematik hinsichtlich der Partizipationsbedingung mittels einer formalen Darstellung erläutert.

Monitoring stellt damit ein (in Grenzen) substitutives Instrument zu Vertragsanreizen dar.

Übergeordnetes Ziel des Aufgabenträgers bleibt hierbei die Minimierung der agency costs. Da der zunehmenden Kontrolltätigkeit zur Reduzierung des Residualverlustes (Abweichung von der first-best-Lösung) steigende Informationskosten gegenüber stehen, besteht hier ein trade-off. Ein allumfassendes monitoring wäre nicht zielführend. Dennoch kann die Informationsrente des Betreibers durch Kontrollaktivitäten reduziert werden.[111]

Somit zeigt sich, dass die Informationsasymmetrie aufgrund der Informationskosten durch monitoring nicht gänzlich reduziert werden kann. Gleichzeitig wäre eine vollkommen leistungsabhängige Bezahlung aufgrund der bestehenden externen Effekte und des damit einhergehenden Risikos ebenfalls suboptimal. Die Betreiber müssten in diesem Fall eine entsprechend hohe Risikoprämie zu Lasten des Aufgabenträgers einplanen. Es zeigt sich, dass eine Kombination aus leistungsabhängiger Anreizzahlung an den Betreiber, anteiliger Risikoübernahme durch den Aufgabenträger und entsprechender monitoring-Aktivitäten für den betrachteten Markt optimal sein dürfte. Die Gefahren opportunistischen Verhaltens im Rahmen der Risikoübernahme durch den Aufgabenträger können reduziert werden, wenn die Informationsasymmetrie mittels monitoring verkleinert wird. Gleichzeitig kann der Vertrag seine Anreizwirkungen über einen leistungsabhängigen Zahlungsstrom entfalten und so zu einer Zielharmonisierung zwischen Aufgabenträger und Betreiber beitragen.

3.3 Unvollständige Verträge

In der Theorie unvollständiger Verträge wird insbesondere das Problem einer mangelnden Durchsetzbarkeit von Verträgen bei beobachtbarem, opportunistischem Verhalten behandelt.[112] Da die Handlungsabsichten des Vertragspartners ex ante nicht vollständig eingeschätzt werden können, wird die Problematik auch als Situation der hidden intentions bezeichnet. Betrachtet werden partnerspezifische Investitionen und die fehlende Durchsetzbarkeit von Vertragsverstößen vor Gericht.[113]

Spezifische Investitionen sind innerhalb des Vertragsverhältnisses mehr wert als außerhalb. Beim völligen Fehlen einer Verwendungsalternative wird von irreversiblen Investitionen oder sunk costs gesprochen. Nach Vertragsabschluss und erfolgter spezifischer Investition kann diese Situation eine gewisse Monopolmacht für die Partei ermöglichen, deren Vertragspartner die Investition getätigt hat. Der Investierende ist ex post im Vertragsverhältnis gefangen (lock in-Effekt). Problematisch ist der lock in-Effekt aus Sicht des Prinzipals, wenn aufgrund eigener spe-

---

[111]   Vgl. Laffont und Tirole (1993, S. 527 – 530) zum wohlfahrtsoptimalen monitoring-Niveau.

[112]   Vgl. Williamson (1976, S. 81 f. und S. 84 – 87) sowie Richter und Furobotn (2003, S. 269 – 276) zur Theorie unvollständiger Verträge.

[113]   Vgl. Borrmann (2003a, S. 57 – 61).

zifischer Investitionen ein Spielraum für opportunistisches Verhalten des Agenten geschaffen wird. Letzterer könnte dann mit opportunistischem Verhalten drohen und über Nachverhandlungen versuchen, seinen Gewinn zu steigern. Diese oft mit einem „Raubüberfall" verglichene Situation wird als „hold up" bezeichnet.[114]

Eine andere Problematik stellt die mangelnde Verifizierbarkeit von Vertragsabweichungen vor Gericht dar. Obwohl in diesem Ansatz annahmegemäß keine Informationsasymmetrie zwischen den Parteien existiert, ist eine Asymmetrie zwischen den Parteien und Außenstehenden, wie Gerichten, zum Beispiel aufgrund fehlender Fachkompetenz, zu verzeichnen. Die prohibitiv hohen Informationskosten beeinträchtigen die Durchsetzbarkeit der Verträge vor Gericht.

Zusätzlich abschreckend wirken der hohe Aufwand von Gerichtsverfahren und die Gefahr, dass Details der Geschäftsbeziehung an die Öffentlichkeit gelangen. Außerdem könnte eine gerichtliche Auseinandersetzung aufgrund des zerstörten Vertrauens eine evtl. gewünschte, weitere Zusammenarbeit unmöglich machen.[115]

Sowohl im Falle der spezifischen Investitionen als auch im Falle der fehlenden Durchsetzbarkeit vor Gericht müssen sich die Vertragsparteien ex ante einigen, wie sie die absehbaren Probleme ex post regulieren wollen. So wird von Seiten der Theorie bei spezifischen Investitionen des Prinzipals (bzw. Aufgabenträgers) ein Aufbau gegenseitiger Abhängigkeiten vorgeschlagen, um über eine Interessenharmonisierung Vertrauen zu schaffen. Dies könnte durch die Hinterlegung einer Sicherheit als Pfand (Sicherheitsleistung) oder durch die Drohung des Prinzipals, die Reputation des Agenten im Falle einer hold up-Situation zu zerstören, reguliert werden.[116]

Das Problem der spezifischen Investitionen als Risikopotenzial für den Agenten (verminderte Verwertbarkeit bei Vertragsauflösung) kann über eine (zumindest partielle) Risikoübernahme durch den Prinzipal gelöst werden. Bei einem Transfer spezifischer Vermögensgegenstände am Ende der Vertragslaufzeit kann von übergeordneter Stelle eine Bewertung erfolgen, die Grundlage für den Verkaufspreis ist. Hierdurch wird, wie Williamson (1976, S. 87) feststellt, sowohl für den Altbetreiber als auch für den Neubetreiber Preissicherheit beim Vermögensübergang geschaffen. Spezifische Investitionen im SPNV stellen zum Beispiel die Investitionen in den Neubau von Werkstätten dar.[117]

Die Problematik der fehlenden Durchsetzbarkeit vor Gericht kann durch vorgeschaltete Schlichtungsverfahren abgeschwächt werden. Die Schlichter würden dann aus von beiden Seiten akzeptierten Experten bestehen. Diese könnten ebenfalls im Falle von Einigungsschwierigkeiten im Falle der Änderungen von exogenen Rah-

---

[114] Vgl. Williamson (1990, S. 60 – 64) zu spezifischen Investitionen und zum lock-in-Effekt.

[115] Vgl. Eger (1995, S. 41) zu den Problemen der Durchsetzbarkeit von Vertragsverstößen vor Gericht.

[116] Die Wirkung der Reputation wird im folgenden Kapitel näher erläutert.

[117] Vgl. Borrmann (2003a, S. 59), der einen Überblick über Lösungsansätze zeigt.

menbedingungen eingesetzt werden, die nicht im Vertrag reguliert sind. Dies wäre ein Anreiz zur Flexibilisierung des Vertrages.[118]

3.4 Sich selbst durchsetzende Vereinbarungen

Dieser Ansatz greift ebenfalls das Problem der fehlenden Durchsetzbarkeit eines Vertragsvergehens vor Gericht auf. Allerdings geht die Theorie sich selbst durchsetzender Vereinbarungen von der Feststellung einer Vertragsverletzung durch die Betroffenen selbst aus. Auf eine Nichterfüllung des Vertrages folgt automatisch die Vertragsauflösung zum nächstmöglichen Zeitpunkt. Dies schließt die Möglichkeit des Verzichtes auf die Ausnutzung einer Vertragsverlängerungsoption mit ein. Ergänzt wird dieser Ansatz um die Reputation des Agenten. Falls es sich für den Agenten lohnt, das Vertragsverhältnis (und seine gute Reputation auch als Basis für zukünftige Geschäftsmöglichkeiten) aufrechtzuerhalten, wird er das Vertragsverhältnis (und seine Reputation) nicht gefährden und den Vertrag erfüllen. Überwiegt der Nutzen einer Nichterfüllung, so wird er sich für eine Vertragsauflösung entscheiden.[119]

Diese Entscheidungssituation lässt sich wie folgt modellieren: Angenommen ein Vertrag werde vom Prinzipal stillschweigend nach jeder Periode verlängert, wenn der Agent in der abgelaufenen Periode die Vertragsbedingungen zufrieden stellend erfüllt hat. Im Falle vertragskonformer Leistungserbringung ergäbe sich für den Agenten ein Gewinn π^{VE} in Höhe des ex ante vereinbarten Zuschusses Z^{VE} abzüglich der Kosten der Vertragserfüllung C^{VE}:

$$(11) \qquad \pi^{VE} = Z^{VE} - C^{VE}$$

Bei einer nicht vertragskonformen Leistungserstellung könnte der Agent in der laufenden Periode noch den ex ante vereinbarten Zuschuss Z^{VE} erzielen, dem aber nur Kosten von C^{NE} gegenüberstünden. Der resultierende Gewinn betrage:

$$(12) \qquad \pi^{NE} = Z^{VE} - C^{NE}; \text{ mit } C^{NE} < C^{VE} \text{ und } \pi^{NE} > \pi^{VE}$$

Da der Agent im Falle der Nichterfüllung des Vertrages automatisch mit einer Nichtverlängerung bestraft wird, fällt der Gewinn π^{NE} für ihn nur einmalig an. Diesem einmaligen Gewinn steht das abdiskontierte, dauerhafte Gewinnpotenzial π^{VE} aller zukünftigen Perioden gegenüber. Das Zahlungsschema Z^{VE} ist unter Hinzunahme eines Diskontfaktors mit dem Zins r anreizkompatibel, wenn

$$(13) \qquad \pi^{VE} \times (1 + r)/r \geq \pi^{NE}$$

Da der Agent annahmegemäß an einer Vertragsverlängerung interessiert ist, solange er dadurch mindestens genauso gut gestellt ist, wie durch einen Vertragsab-

---

[118] Vgl. Richter und Furobotn (2003, S. 269 – 276), die einen Modellansatz zeigen.

[119] Vgl. Richter und Furobotn (2003, S. 276 – 284) sowie Tirole (1995, S. 267 – 277) zur Theorie sich selbst durchsetzender Vereinbarungen.

bruch, wird er den Vertrag bei Erfüllung der Anreizkompatibilitätsbedingung annehmen. Der Prinzipal kann bei gegebener Kostenstruktur C^{NE} und C^{VE} und gegebenem Zinsniveau r damit minimal einen Zuschuss Z^{VE} wählen, der obige Bedingung gerade noch erfüllt. Die Selbstdurchsetzungskraft des Vertrages (und damit der Anreiz zur Vertragserfüllung durch den Agenten) ist demnach abhängig vom Kostensenkungspotenzial bei Nichterfüllung des Vertrages

(14) $$\Delta C = C^{NE} - C^{VE}$$

sowie vom Zinsniveau r und vom gewählten Zuschuss Z^{VE}.

Wird die Kündigung des Vertrages mit einer Situation gleichgesetzt, in der es zur Zerstörung der Reputation des Agenten kommt, stellt π^{VE} eine Prämie für die Aufrechterhaltung der Reputation dar. Diese Prämie muss umso größer sein, je größer das Kostensenkungspotenzial ΔC im Falle der Nichterfüllung eines Vertrages und je höher der Zinssatz r.

Sollte es nach Ende der Vertragslaufzeit zu einem Betreiberwechsel kommen, liegt ein reibungsloser Übergang im Interesse des Aufgabenträgers. Inwiefern opportunistisches Verhalten gegen Ende der Vertragslaufzeit für den (Alt-) Betreiber attraktiv ist, hängt vom oben beschriebenen Reputationsmechanismus ab. Hierbei muss im SPNV allerdings davon ausgegangen werden, dass eine schlechte Reputation die Teilnahme an zukünftigen Vergaben im SPNV zumindest beeinträchtigt.[120]

Muren (2000, S. 99 – 112) zeigt ein Modell für den Bussektor, das die Auswirkungen der Reputation auf Basis einer zu erfüllenden Mindestqualität mit dem Zeitraum bis zur Neuvergabe einer Leistung verknüpft. Untersucht wird, wie groß der Anreiz ist durch eine schlechtere Qualität als vereinbart Kosten einzusparen, wohl wissend, dass dadurch eine Vertragsverlängerung ausgeschlossen ist. Ausgehend von mit zunehmender Vertragslaufzeit fallenden Produktionskosten sieht sich der Aufgabenträger in diesem Modell einem trade-off gegenüber: Zwar reduziert eine steigende Laufzeit die Kosten des Betreibers (und damit die Subventionslast des Aufgabenträgers). Allerdings muss dem Agenten hierfür mit zunehmender Vertragslaufzeit eine steigende Prämie gezahlt werden, um eine Schlecht- bzw. Nichterfüllung des Vertrages zu verhindern, da das Kostensenkungspotenzial des Betreibers mit zunehmender Vertragslaufzeit steigt.

---

[120] Vgl. hierzu Borrmann (2003a, S. 92 f.).

3.5   Zwischenfazit

In einem Vertragsverhältnis mit dem SPNV-Aufgabenträger (Prinzipal) schaffen Informationsasymmetrien verschiedene Verhaltensspielräume für den Betreiber (Agenten) zu Lasten des Staates. Um die bestehenden Vertragslücken zu schließen bzw. die Anreize zu opportunistischem Verhalten zu reduzieren, bietet die Neue Institutionenökonomik verschiedene Lösungsansätze an. Tabelle 3 gibt einen zusammenfassenden Überblick über die in diesem Kapitel behandelten Informationsasymmetrien und die dazugehörigen Lösungsmöglichkeiten.

Tabelle 3: Informationsasymmetrien und Lösungsansätze

	Art der Informationsasymmetrie		
	Verborgene Eigenschaften *(hidden characteristics)*	**Verborgene Handlungen** *(hidden action)*	**Verborgene Absichten** *(hidden intentions)*
Informations-defizit des Aufgabenträgers über...	Eigenschaften und Fähigkeiten des Betreibers	Anstrengungsniveau des Betreibers	Absichten des Betreibers bei Problemen
Ursache	Eigenschaften und Fähigkeiten lassen sich verbergen	Hohe Kontrollkosten	Spezifische Investitionen, sunk costs, unvollständiger Vertrag
Verhaltensspielraum für Betreiber	Opportunismus vor Vertragsabschluss (ex ante)	Opportunismus nach Vertragsabschluss (ex post)	Opportunismus nach Vertragsabschluss (ex post)
Gefahr für Aufgabenträger	*adverse Selektion* (falsche Auswahl)	*moral hazard* (zu geringe Anstrengung des Betreibers)	*hold up* (Nachverhandlung)
Lösungsansätze	*signaling* Zertifikate, Garantien	*Leistungsanreize* Ergebnisbeteiligung des Betreibers	*Interessenangleichung* Sicherheiten/Pfand, Bürgschaften, Gegengeschäfte
	screening Informationsbeschaffung, Tests Prüfung Reputation	*monitoring* Kontrollsystem	*Prüfung Reputation*

Quelle: Eigene Darstellung in Anlehnung an Borrmann (2003b, S. 8)

4. Wohlfahrtsmaximierende Anreizsysteme

Die deutsche verkehrsökonomische Literatur diskutiert seit einiger Zeit auf Basis des oben beschriebenen Prinzipal-Agenten-Ansatz intensiv die Vorteilhaftigkeit von Anreizmechanismen im Hinblick auf die Erfüllung der Ziele des Aufgabenträgers.[121] Die Empfehlungen zur Gestaltung des Ausschreibungswettbewerbs beschränken sich dabei zumeist auf die Implementierung der Erkenntnisse der Vertragstheorie. Die Ziele der öffentlichen Hand werden als exogen gegeben angenommen. Diese unkritische Übernahme ist als problematisch anzusehen. Zwar werden die Ziele deutscher SPNV-Ausschreibungen aus dem Prinzip der Daseinsvorsorge abgeleitet und dürften intuitiv betrachtet zu Wohlfahrtssteigerungen führen. Es lässt sich aber zumeist keine detaillierte Zieldefinition auf Basis wohlfahrtsmaximierender Modelle erkennen. Wie hoch der Zielerreichungsgrad der gewählten Anreizmechanismen im Hinblick auf die Wohlfahrt ist, bleibt unklar.

Nachstehend werden daher einige Arbeiten der englischsprachigen Literatur betrachtet, die bestrebt sind dieses Defizit zumindest teilweise zu beseitigen. Ausgehend von einer gegebenen Budgetbeschränkung wird in den betrachteten Artikeln versucht, ein wohlfahrtsmaximierendes Schema von Anreizzahlungen zu entwickeln. Erste Modelle für den Bussektor, die bereits erfolgreich in Bergen und Sydney getestet wurden, zeigen Larsen (2001, S. 1 – 11) sowie Hensher und Houghton (2004, S. 123 – 146).[122] Fearnley et al. (2004, S. 29 – 38) zeigen eine Anwendung im norwegischen Schienenpersonenverkehr, die im Folgenden näher betrachtet wird. Wie auch bei Hensher und Houghton (2004, S. 135 – 138) wird zunächst ein wohlfahrtsoptimales Niveau an Verkehrsleistungen auf den untersuchten Strecken definiert. Hierfür werden sowohl die Gewinne des Betreibers (Produzentenrente), der Konsumentennutzen (Konsumentenrente), die externen Kosten (Umweltverbrauch, Staukosten) als auch die Opportunitätskosten der öffentlichen Mittel einbezogen.

In einem zweiten Schritt werden die Ergebnisse der Wohlfahrtskalkulation zur Entwicklung von Anreizen verwendet, die einen gewinnmaximierenden Betreiber (Agent) zu einem möglichst wohlfahrtsoptimalen Niveau der Verkehrsleistung veranlassen. Es wird ein Schema von Anreizzahlungen vorgeschlagen, das bestimmte Subventionszahlungen je Passagier sowie Subventionszahlungen je Zugkilometer und je Platzkilometer (Kapazitätszuschüsse) enthält. Wie Abbildung 9 unten zeigt, übersteigen im betrachteten Fall die Erlöse des Betreibers aus Fahrgeldeinnahmen und Anreizzahlungen die Produktionskosten, weshalb der Betreiber im Gegenzug eine fixe Franchisegebühr an den öffentlichen Auftraggeber zahlt. Diese wird während der Vertragslaufzeit mit dem Zahlungsstrom der Anreizzahlungen verrechnet. Um Fehlentwicklungen vorzubeugen, wird zusätzlich ein Bonus-Malus-System für bestimmte Qualitätskriterien und eine maximal mögliche Subventionszahlung des

---

[121] Vgl. beispielhaft Borrmann (2003a) und Lehmann (1999).

[122] Vgl. auch Gagnepain und Ivaldi (2002, S. 621 – 625), die allerdings den Aspekt der Wohlfahrt nicht in das Zentrum ihrer Untersuchung stellen.

Staates vorgeschlagen. Gleichzeitig drängen die Autoren auf eine größtmögliche unternehmerische Freiheit, um den Anreizcharakter des Vertrages zu erhalten.

Abbildung 9: Modell vollkommen erfolgsabhängiger Subventionszahlungen

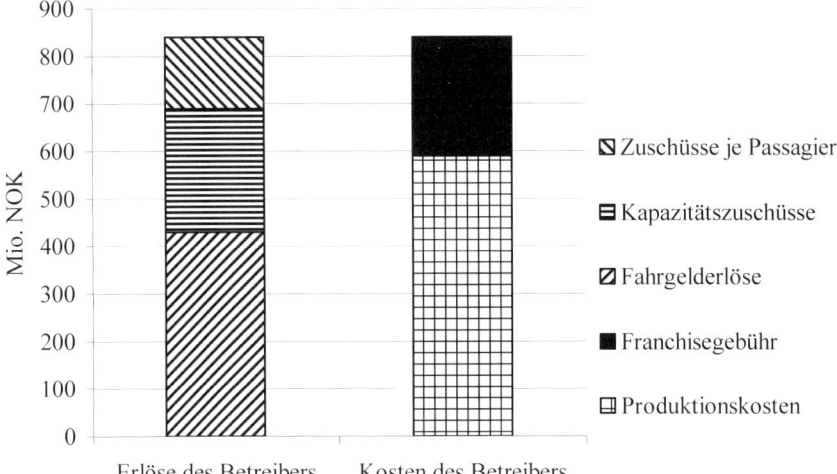

Quelle: Fearnley et al. (2004, S. 34)

Obwohl das Modell als Grundlage für einen Verkehrsvertrag zwischen dem norwegischen Transportministerium und der norwegischen Staatsbahn konzipiert worden ist, lässt es sich ebenfalls für Ausschreibungen verwenden. Der Betrieb könnte hierbei an das Unternehmen vergeben werden, das bei gegebenen Anreizzahlungen die höchste Franchisegebühr zahlt.[123]

Damit stehen bei den, in diesem Abschnitt betrachteten, echten Anreizverträgen (incentive contracts) die Anreizzahlungen des Staates (Prinzipal) für die erbrachten Leistungen des Betreibers (Agenten) im Vordergrund. Bei den in Deutschland üblichen Brutto- bzw. Nettoanreizverträgen, die als unechte Anreizverträge bezeichnet werden können, steht hingegen die Zahlung einer stark fixierten Geldleistung an den Betreiber im Vordergrund, die sich zumeist lediglich an der relativ konstanten Zugkilometerleistung orientiert. Anreize werden in diesen Verträgen regelmäßig durch Bonus-Malus-Systeme gesetzt, während eine stärkere Gewichtung echter Anreizzahlungen erst bei jüngeren Vergabeverfahren zu beobachten ist.

Der Theorieansatz des mechanism design, wie er von Fees (1997, S. 585) beschrieben wird, findet damit im deutschen SPNV bisher keine Anwendung. Dieser Ansatz sieht im Falle der Regulierung eines natürlichen Monopols die Maximie-

---

[123] Vgl. Fearnley et al. (2004, S. 36).

rung der gesamten sozialen Wohlfahrt vor.[124] Die Praxis der SPNV-Vergabe zeigt jedoch, dass dem Betreiber lediglich ein angemessener Gewinn zugebilligt wird und die öffentliche Hand primär die eigene Wohlfahrt maximiert. Primäres Ziel der Aufgabenträger ist die Senkung der Subventionszahlungen. Eine Maximierung der sozialen Wohlfahrt als Summe aus Produzenten- und Konsumentenrente findet in Deutschland zumindest nicht gemäß den Ansätzen der Theorie statt.[125]

---

[124] Vgl. Corneo (2002), der eine Anwendung auf den ÖPNV erläutert.

[125] Kritik am theoretischen Ansatz des mechanism design äußern Richter und Furobotn (2003, S. 548 f.).

Kapitel III: Methodik der empirischen Analyse

Wie in den vorangegangenen Kapiteln ersichtlich, bewegt sich der Aufgabenträger in einem komplexen System ökonomischer und rechtlicher Rahmenbedingungen. Diese weisen ihm regelmäßig die Stellung eines Prinzipals zu. Um eine möglichst geringe Subventionszahlung zu erzielen, ist der Aufgabenträger an einem hohen Ausschreibungswettbewerb interessiert. Außerdem sieht er sich sowohl während der Vergabephase als auch während der Vertragslaufzeit verschiedenen Informationsasymmetrien im Hinblick auf das Anstrengungsniveau des Betreibers gegenüber.[126]

Das Ziel der weiteren Untersuchung ist es deshalb, zu überprüfen, inwieweit die betrachteten Verdingungsunterlagen deutscher SPNV-Aufgabenträger den übergeordneten Zielsetzungen, den Subventionsbedarf und die Informationsasymmetrie sowie ihre Auswirkungen zu reduzieren, gerecht werden. Hierfür werden zunächst die der Untersuchung zu Grunde liegende Stichprobe, die Form der Operationalisierung, die Datenerhebung und die Methodik der Datenanalyse zusammen mit den getroffenen Annahmen erläutert. Im Anschluss werden auf Basis der in Abschnitt II modelltheoretisch hergeleiteten Anreizmechanismen tatsächlich messbare Kriterien und Indikatoren entwickelt sowie die in Kapitel II.2.4.1 entwickelte Hypothese erweitert. Der sich daraus ergebende Kriterienkatalog bildet zusammen mit der erweiterten Hypothese die Grundlage der sowohl hypothesentestenden als auch deskriptiven Analyse deutscher SPNV-Ausschreibungen, deren Ergebnisse anschließend in Abschnitt IV präsentiert werden.

1. Gang der Untersuchung

1.1 Verwandter Datensatz

Die Untersuchung basiert auf einer im Jahre 2005 erhobenen Stichprobe deutscher SPNV-Ausschreibungen, die als Merkmalsträger einzuordnen sind. Ausgewählt wurden zunächst alle bis Anfang 2005 im Amtsblatt der Europäischen Union veröf-

---

[126] Anmerkung: Trotz der Existenz von Länderbahnen, wie zum Beispiel der AKN oder der Hessischen Landesbahn, ist aufgrund eines fehlenden Eigentümerverhältnisses zwischen Aufgabenträger als ausschreibender Stelle und Länderbahnen nicht von einer Reduzierung der Informationsasymmetrie durch vertikale Integration auszugehen, wie die Gesprächspartner der Aufgabenträger bestätigten.

fentlichten und abgeschlossenen Verfahren.[127] Anschließend wurden die beteiligten Aufgabenträger um Akteneinsicht in die Verdingungsunterlagen gebeten. Zusätzlich wurde in ausgewählten Fällen auf glaubwürdige Unterlagen aus Sekundärquellen zurückgegriffen. Im Rahmen dieser Untersuchung konnten auf diese Weise 30 Vergabeverfahren analysiert werden.[128] Verglichen mit in diesem Zeitraum veröffentlichten Listen aller deutschen SPNV-Vergabeverfahren von Laeger (2004, S. 261 f., 38 Vergabeverfahren) und Borrmann (2003a, S. 240 – 243, 39 Vergabeverfahren) konnte die vorliegende Untersuchung mit 30 untersuchten Ausschreibungen einen Stichprobenumfang von ca. 79 bzw. 77 Prozent der Grundgesamtheit abdecken.[129] Verglichen mit anderen empirischen Untersuchungen in diesem Marktsegment, wie die von Preston et al. (2000, S. 106) mit 33 Befragten und die von Yvrande-Billon (2004, S. 183) mit 25 Beobachtungen, dürfte der Stichprobenumfang angesichts der geringen Fallzahl der Grundgesamtheit akzeptabel sein.

Während der Gespräche mit Aufgabenträgern wurden sechs herausragende Ausschreibungen wiederholt als im Zeitablauf besonders bedeutsam oder als „typische Fälle" eingeordnet. Diese Ausschreibungen wurden in die Stichprobe aufgenommen.[130]

Die betrachteten Vergaben wurden im Zeitraum von 1996 bis heute durchgeführt, womit der gesamte Zeitraum der Vergabetätigkeit in dieser Untersuchung abgedeckt werden kann. Wie die Abbildung 16 im Anhang auf Seite 135 zeigt, weist die Stichprobe eine nahezu gleichmäßige Verteilung im Zeitablauf auf. Lediglich in der Anfangsphase der SPNV-Ausschreibungen zwischen Mitte 1997 und Mitte 1999 ist im Datensatz eine leichte Lücke festzustellen. Diese kann jedoch damit erklärt werden, dass im Anschluss an einen ersten Schub anfänglich eine geringe Ausschreibungstätigkeit der Aufgabenträger festzustellen war. Die Stichprobe

---

[127] Vgl. Werner (1998, S. 199 – 210), der darauf verweist, dass die Vergaberichtlinien für SPNV-Ausschreibungen eine Publizitätspflicht vorsehen. § 17 in Verbindung mit § 17a des Abschnitts 2 VOL/A schreibt entsprechend die Veröffentlichung im Amtsblatt der Europäischen Union vor. Vgl. als Quelle das Supplement zum Amtsblatt der Europäischen Union des Amtes für Veröffentlichungen. Ausgewählt wurden alle Vergabeverfahren des CPV-Code 60111000: Personenbeförderung per Bahn. Anmerkung: CPV (Common Procurement Vocabulary) klassifiziert die Produkte nach Gruppen. Die sich ergebende Liste wurde mit den Listen von Laeger (2004, S. 261 f.) und Borrmann (2003a, S. 240 – 243) verglichen und um ältere, im Amtsblatt der Europäischen Union veröffentlichte Verfahren, ergänzt. Die Stichprobe wurde außerdem ergänzt um eine bedeutende Direktanfrage bei verschiedenen Bietern.

[128] Vgl. Laatz (1993, S. 212), dessen Forderung nach Zuverlässigkeit der Dokumente, insbesondere die Verhinderung der Manipulation, mit der Verwendung behördlicher Unterlagen erfüllt sein dürfte.

[129] Im Vergleich zur Auflistung von Vergaben im Wettbewerbsbericht der Deutschen Bahn AG aus dem Jahre 2004 (2004c, S. 10) ist die Quote 71 Prozent. Da in die vorliegende Untersuchung im Vergleich zu den Arbeiten von Borrmann und Laeger auch Ausschreibungsverfahren eingeflossen sind, die nach diesen Untersuchungen durchgeführt wurden, dürfte sich der Stichprobenanteil an der Grundgesamtheit noch leicht auf ca. 70 Prozent reduzieren. Eine offizielle Liste aller in Deutschland durchgeführten SPNV-Ausschreibungen für den betrachteten Zeitraum ist dem Verfasser nicht bekannt.

[130] Vgl. Stier (1999, S. 118 f.), der die Auswahl „typischer Fälle" befürwortet.

weist in diesem Punkt deshalb keine wesentliche Abweichung von der Grundgesamtheit auf. Vielmehr werden Vergabeverfahren aus dem gesamten Zeitraum der
Marktentwicklung betrachtet und eine Verzerrung durch eine starke Häufung von
Fällen eines Zeitraumes vermieden. Dies ist insofern relevant, als dass die Daten,
wie später noch zu zeigen sein wird, auf die Existenz verschiedener Marktphasen
hindeuten.

Die durchschnittliche Länge des jeweils ausgeschriebenen Netzes beträgt in der
Stichprobe 176 km, wobei die Netzlängen zwischen 13 km und 379 km schwanken,
wie die Abbildung 17 im Anhang auf Seite 136 zeigt. Die Gesamtsumme der je
Vergabeverfahren ausgeschriebenen Leistungsvolumina betrug im Durchschnitt
2,28 Mio. Zugkm per annum. Die Verteilung dieser Größe zeigt die Abbildung 10
unten. Die betrachteten Vergabeverfahren konnten aus Sicht der ausschreibenden
Aufgabenträger zu 57 Prozent als Nebenstrecken und zu 43 Prozent als Hauptstre-
cken eingeordnet werden.

Abbildung 10: Verteilung der Zugkm-Volumina in der Stichprobe

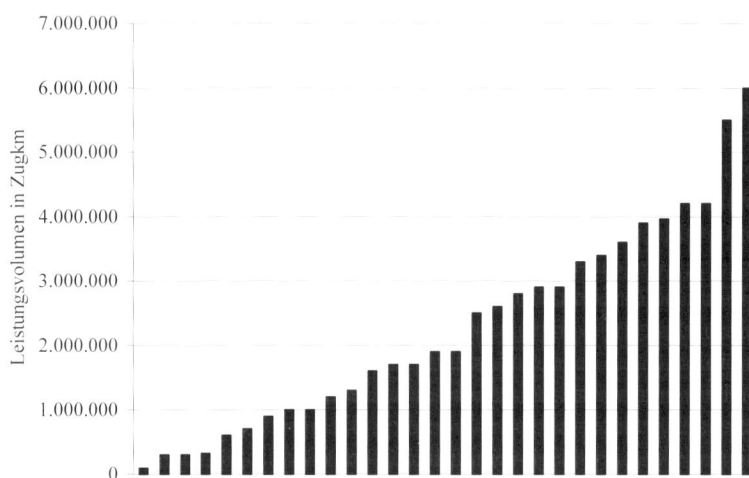

Quelle: Eigene Darstellung

In 20 der untersuchten 30 Vergabeverfahren überschritten die ausgeschriebenen
Netze die Grenzen des Zuständigkeitsgebietes eines einzelnen Aufgabenträgers,
wodurch in diesen Fällen mehrere Aufgabenträger am Vergabeverfahren beteiligt
waren. Insgesamt waren an den betrachteten Ausschreibungen 23 verschiedene
Aufgabenträger beteiligt.[131] Zu betonen ist an dieser Stelle, dass bis ins Jahr 2005
hinein von den 33 in Deutschland aktiven Aufgabenträgern noch nicht alle die

---

[131] Hierzu gehörten 21 deutsche und zwei ausländische Aufgabenträger.

Möglichkeit zur Ausschreibung von SPNV-Verkehren genutzt hatten. Darüber hinaus war und ist die Ausschreibungsaktivität bei den übrigen Aufgabenträgern sehr unterschiedlich. An den betrachteten Vergabeverfahren waren jedoch alle in Deutschland bis dato aktiv ausschreibenden Aufgabenträger beteiligt.[132]

1.2 Operationalisierung der Erfolgskriterien

Der vorliegenden Untersuchung liegt eine Dokumenten- bzw. Inhaltsanalyse zugrunde. Die zu analysierenden Informationen treten in den Unterlagen sehr unterschiedlich auf. Um eine fallübergreifende, standardisierte Betrachtung zu ermöglichen, war eine Systematisierung der Untersuchung erforderlich. Hierfür wurden im Rahmen einer ersten qualitativen Analyse auf Basis der in Abschnitt II entwickelten Anforderungen an öffentliche Ausschreibungen die problemrelevanten Dimensionen definiert. Im Anschluss wurde auf der Grundlage der Arbeiten von Borrmann (2003a), Laeger (2004) und Lehmann (1999) sowie anhand der Ergebnisse von Experteninterviews ein erster Katalog der wesentlichen, potenziell beeinflussenden Indikatoren bzw. Kriterien entwickelt. Um eine anschließende quantitative Analyse zu ermöglichen, wurden die Dimensionen in Unterdimensionen (bzw. Indikatoren) zerlegt, mit Ausprägungen versehen und in ein Kodierschema transformiert.[133] Eine abschließende Anpassung des Indikatorenkataloges erfolgte im Anschluss an eine Voruntersuchung (Pre-Test) bei zwei ausgewählten Vergabeverfahren.[134]

Um einen hohen Bedeutungsgehalt zu erreichen, wurde – soweit möglich – auf mehrere Kriterien zur Erklärung eines Zusammenhangs (multiple Indikatoren) zurückgegriffen.[135] Da die Verdingungsunterlagen als primärer Untersuchungsgegenstand unveränderbare Merkmalsträger darstellen, ist von einer hohen Reliabilität der Messung auszugehen. Es lassen sich auch bei erneuter Untersuchung mit hoher Sicherheit die gleichen Ergebnisse erzielen. Zur Erzielung einer möglichst

---

[132] Vgl. Berschin und Anders (2002), die auf unterschiedliche Ausschreibungsquoten zwischen 0 Prozent und 100 Prozent über die Laufzeit der Verkehrsverträge der jeweiligen Bundesländer hinweisen.

[133] Vgl. Laatz (1993, S. 240), der dieses Vorgehen bei Dokumentenanalysen empfiehlt, um das zu untersuchende Textmaterial unter Kategorien eines Untersuchungsschemas klassifizieren zu können. Zwar werden die Informationen aus dem Kontext damit verloren und sind latente Bedeutungen nur noch schwer erfassbar, was gemäß Laatz (1993, S. 259 f.) wesentliche Kritikpunkte an der quantitativen Textanalyse sind. Allerdings ermöglicht diese Vorgehensweise generalisierende Aussagen, zumal das zu Grunde liegende Textmaterial mit Blick auf die strengen gesetzlichen Vorgaben einer gewissen Einheitlichkeit unterliegt. Zu den gesetzlichen Vorgaben vgl. Werner (1998, S. 193 – 239).

[134] Vgl. Laatz (1993, S. 207 – 260) allgemein für die Methodik bei Dokumentenanalysen.

[135] Vgl. Stier (1999, S. 30 – 33), der dieses Vorgehen empfiehlt, auch um „zufällige" Fehler insbesondere in der Messung auszugleichen. Die Gesamtvalidität ist durch das Zusammenwirken mehrerer Indikatoren ebenfalls höher.

hohen Validität der Messung folgte die Untersuchung den Empfehlungen der oben genannten SPNV-Fachliteratur und den Ergebnissen der Experteninterviews.[136]

Der Empfehlung von Laatz (1993, S. 227) folgend wurden innerhalb der Indikatoren möglichst differierende Ausprägungen gewählt, um ein vollständiges Spektrum abdecken zu können. Allerdings war die Sicherstellung sich gegenseitig ausschließender Indikatoren nicht in jedem Fall möglich.[137] Des Weiteren wurde, so weit möglich, auf subjektiv beeinflussbare Indikatoren verzichtet. Wie unten noch zu zeigen sein wird, war die Aufnahme derartiger Indikatoren im Rahmen einer Inhaltsanalyse jedoch in einigen Fällen unvermeidbar.[138]

Im Rahmen der Untersuchung fanden ausschließlich eindimensionale Skalen mit einem latenten Kontinuum Verwendung.[139] Um einen möglichst hohen Aussagegrad erreichen zu können, wurde das jeweils höchst mögliche Skalenniveau erhoben. Stier (1999, S. 46) fordert für Regressionen mindestens Intervallskalenniveau, das bei den in der Schätzung verwandten Variablen erreicht werden konnte.[140]

Insgesamt wurden im Rahmen dieser Untersuchung je Ausschreibung 51 Kriterien erfasst. Die Analyse beschränkt sich auf die Betrachtung der 35 ergiebigsten Indikatoren. Bei einem Stichprobenumfang von 30 Vergabeverfahren basiert die Untersuchung damit auf 1.050 Einzeldaten. In den im Anschluss an die weitere Erläuterung der Methodik folgenden beiden Unterkapiteln werden die oben theoretisch fundierten Probleme und ihre Lösungsansätze im Rahmen einer vertiefenden, semantischen Analyse präzisiert und als Kriterien definiert.

Die jeweils gewählten Abkürzungen sind den Erklärungen kursiv vorangestellt, um den Überblick zu erleichtern. Anschließend erfolgt jeweils eine Darstellung der im Rahmen dieser Arbeit untersuchten Kriterien, deren Ausprägungen, der erreichten Skalenniveaus sowie der jeweiligen Kodierregeln (Messvorschriften).

1.3 Erhebung der Daten

Im ersten Schritt wurden die Vergabebekanntmachungen der Ausschreibungen im Amtsblatt der Europäischen Union gesichtet. In einem zweiten Schritt wurden die Verdingungsunterlagen, die den potenziellen Bietern im jeweiligen Verfahren für die Kalkulation ihrer Angebote zur Verfügung gestellt wurden analysiert. Zu diesen Unterlagen zählten die Leistungsbeschreibungen sowie die in diversen Fällen bei-

---

[136] Eine Liste der Gesprächspartner findet sich im Literaturverzeichnis.

[137] Vgl. Laatz (1993, S. 227), der allerdings darauf verweist, dass diese Forderung nicht in jedem Fall erfüllbar ist.

[138] Vgl. Stier (1999, S. 57 f.), der auf die Schwierigkeiten hinsichtlich der Inhaltsvalidität hinweist. So sei die Entscheidung zur Aufnahme und Einordnung der Kriterien immer subjektiv, da hierfür keine objektiven Kriterien existieren.

[139] Vgl. Stier (1999, S. 63) zu eindimensionalen und mehrdimensionalen Skalen.

[140] Vgl. Laatz (1993, S. 352 – 355) sowie Stier (1999, S. 35 – 47) für einen Überblick der Skalenniveaus.

gefügten Verkehrsverträge. Für diese Untersuchungen konnte auf Unterlagen in Hardcopy und in elektronischer Form als Leihgabe von den Aufgabenträgern zurückgegriffen werden.

Ergänzt wurden die so gewonnenen Erkenntnisse durch Informationen aus Sekundärquellen. Darüber hinaus ermöglichten drei Aufgabenträger die Einsichtnahme der Unterlagen vor Ort. In einem dritten Schritt wurde der Datensatz um Informationen aus den gängigen Fachzeitschriften der Branche ergänzt. Offen gebliebene Fragen wurden schließlich über telefonische Rückfragen und E-Mail Kontakt mit den zuständigen Sachbearbeitern des jeweiligen Aufgabenträgers geklärt. Entsprechend der oben beschriebenen Vorgehensweise bei der Entwicklung der Indikatoren folgte die Datenerhebung primär der beschreibenden Inhaltsanalyse auf Basis expliziter, manifestierter Inhalte (zum Beispiel die Anzahl der Bieter). Eine schließende Inhaltsanalyse wurde soweit wie möglich vermieden.141 Sofern Bandbreiten oder mehrere potenziell eintretende Niveaus einer Angabe auftraten (zum Beispiel unterschiedliche Leistungsvolumina in Zugkm, da eine Entscheidung des Aufgabenträgers hierüber zum Vergabezeitpunkt noch ausstand), wurde bei der Datenerhebung stets die Perspektive eines konservativ risikoavers agierenden Bieters eingenommen.

Im Anschluss an die Erhebung der Rohdaten wurden diese in einer Übersichtstabelle aggregiert. Da den Aufgabenträgern eine vertrauliche Behandlung der Daten zugesichert wurde, erfolgt im Rahmen dieser Arbeit eine weitgehend anonymisierte Darstellung der Untersuchung. Aus diesem Grund werden die einzelnen Ausschreibungen durch die Symbole Am, mit m = 1,…, 30 bezeichnet.

1.4   Datenanalyse

1.4.1   Verwendete Analysetechniken

Im Rahmen dieser Arbeit werden in Kapitel 5 eine hypothesentestende wie auch eine deskriptive Datenanalyse durchgeführt. Mittels des Struktur prüfenden Verfahrens der Regressionsanalyse wird die in Kapitel II.2.4.1 entwickelte Hypothese mit dem Ziel der Herleitung einer Wirkungsprognose überprüft. Es wird die Annahme eines linearen Zusammenhangs getroffen. Gemäß Backhaus et al. (2000, S. 9) tritt dieser zwar in der Realität kaum auf, kann aber oft approximiert angenommen werden. Für die Schätzung findet die Methode der kleinsten Quadrate Verwendung.

Popper (2002, S. 14 – 17 sowie S. 47 – 59) forderte eine prinzipielle Falsifizierbarkeit der Hypothesen (Widerlegbarkeit). Diese Forderung kann für die bereits erläuterte Hypothese aus Kapitel II.2.4.1 und für die unten noch zu entwickelnden Ergänzungen der Hypothese als erfüllt angesehen werden. Die Wissenschaftstheorie des kritischen Rationalismus im Anschluss an Popper arbeitet den Ansatz von Popper weiter aus. Gemäß Stier (1999, S. 6 f.) verfolgt sie folgendes Hauptprinzip: „Alle Aussagen einer empirischen Wissenschaft müssen überprüfbar sein und sie

---

[141]   Vgl. Laatz (1993, S. 208 f.) zur beschreibenden und schließenden Inhaltsanalyse.

müssen prinzipiell an der Erfahrung scheitern können." Die unten erweiterten Hypothesen lassen sowohl eine Überprüfbarkeit als auch eine Falsifizierbarkeit zu und erfüllen damit das Hauptprinzip der empirischen Forschungsmethodologie.

Im Rahmen eines iterativen Prozesses wurde versucht, die unten in der erweiterten Hypothese spezifizierten endogenen Variablen der Regression um weitere Variablen zu ergänzen. Dies führte allerdings nicht zu einer Verbesserung der Regression. Weitere Zusammenhänge werden deshalb im Rahmen deskriptiver Methoden analysiert. Ziel ist es, den Erfüllungsgrad der in Abschnitt II fundierten und in diesem Kapitel verfeinerten Empfehlungen zu überprüfen, Entwicklungen und Zusammenhänge zu erkennen und diese, soweit möglich, im Rahmen einer Ursachenanalyse zu erklären.

1.4.2   Annahmen

Entsprechend der in Kapitel I.3.1 erläuterten Vorgehensweise der Aufgabenträger wird angenommen, dass die Rahmenbedingungen der Ausschreibung vor der Vergabebekanntmachung in den Verdingungsunterlagen festgelegt werden. Diese Bedingungen legen sowohl das Ausschreibungsdesign als auch die Charakteristika der Prinzipal-Agenten-Beziehung fest. Gleichzeitig stellen sie mit der Beschreibung der geforderten Leistung und der Bereitstellung weiterer relevanter Informationen, z. B. über das Nachfragepotenzial, die Kalkulationsgrundlage der Unternehmen dar.

Die Vergabephase selbst beginnt mit der Bekanntmachung der Ausschreibung durch den Aufgabenträger. Die interessierten Bieter fordern im Anschluss an die Veröffentlichung die Verdingungsunterlagen an. Die Verdingungsunterlagen legen die Rahmenbedingungen für den Ausschreibungswettbewerb fest, sie bestimmen aber auch das Ausmaß der Informationsasymmetrie zu Lasten des Aufgabenträgers. Es wird angenommen, dass sie im Anschluss an die Vergabebekanntmachung nicht mehr geändert werden können. Sie bilden damit die entscheidende Grundlage für den Erfolg der Ausschreibung.

Es wird angenommen, dass die Verdingungsunterlagen für die Unternehmen die maßgebliche Grundlage für die Kalkulation ihres (An-) Gebotes im Ausschreibungswettbewerb darstellen. Sollte die Partizipationsbedingung aus Sicht eines Unternehmens mit den Bedingungen einer spezifischen Ausschreibung nicht erfüllt sein, wird von einer Nichtteilnahme dieses Unternehmens am weiteren Vergabeverfahren ausgegangen. Das Unternehmen wird unter diesen Bedingungen kein Gebot abgeben. Entscheidet sich das Unternehmen für die Abgabe eines Angebotes auf Basis der in den Verdingungsunterlagen genannten Konditionen, signalisiert es die Annahme dieses take-it-or-leave-it-offers des Prinzipals.[142]

Während der Vergabephase ist das Primärziel des Aufgabenträgers bis zum Zeitpunkt der Angebotsabgabe durch die Bieter die Erzielung eines intensiven Ausschreibungswettbewerbs. Es wird angenommen, dass der Aufgabenträger, der hier

---

[142]   Vgl. Lehmann (1999, S. 197) zur Einordnung von SPNV-Ausschreibungen als take-it-or-leave-it-offer.

als Auktionator eingeordnet wird, in dieser Phase die Ziele der Zuschussbedarfs-senkung und der Sicherung einer ausreichenden Qualität verfolgt, wobei er stets das kostengünstigste (An-) Gebot wählt, sofern als Nebenbedingung die vorgege-bene Mindestqualität nicht unterschritten wird. Die Erfüllung der bestehenden Qua-lität durch die Bieter stellt daher eine Mindestanforderung dar. Sie bildet in der Vergabephase eine notwendige, aber nicht hinreichende Bedingung für die Ertei-lung des Zuschlags.

Es wird weiter unterstellt, dass sich der Aufgabenträger während der Vergabe-phase einem ausreichend großen Kreis potenzieller Bieter gegenüber sieht, um ei-nen hohen Ausschreibungswettbewerb zu erreichen. Als potenzielle Bieter werden alle im deutschen SPNV-Markt aktiv tätigen oder an einem Markteintritt interes-sierten Unternehmen angesehen. Die Unternehmen werden als risikoavers einge-stuft.[143] Diese an einer Ausschreibung grundsätzlich interessierten, potenziellen Betreiber sind von den in einem Vergabeverfahren tatsächlich als Bieter auftreten-den Unternehmen abzugrenzen.

In der Schlussphase des Vergabeprozesses, die die Auswahl des Betreibers be-inhaltet und während der Vertragslaufzeit steht aus Sicht des Aufgabenträgers, der hier als Prinzipal eingeordnet wird, die Reduzierung der Informationsasymmetrie und ihrer Auswirkungen im Vordergrund. Ziel sind die ordnungsgemäße Vertrags-erfüllung durch den Betreiber und die Sicherung eines hohen Anstrengungsniveaus, um eine hohe Qualität der Verkehrsleistung zu gewährleisten. Entsprechend den beiden Erfolgskriterien (niedriger Zuschussbedarf, hohes Qualitätsniveau) folgt die Untersuchung dem jeweiligen Primärziel des Aufgabenträgers im Zeitablauf.

2.   Ausschreibungswettbewerb

Auf Basis der in Kapitel II.1 und II.2 dargestellten, theoretischen Ansätze werden im Folgenden die Kriterien zur Analyse der betrachteten SPNV-Ausschreibungen hinsichtlich der Intensität des Ausschreibungswettbewerbs entwickelt. Hierfür wird zunächst ein Indikator zur Beurteilung des Ausschreibungserfolgs ermittelt (Er-folgsindikator), um eine aus Sicht des ersten Primärzieles (Senkung des Zuschuss-bedarfes) optimale Auktion identifizieren zu können. Im Anschluss werden die Hypothese zum Einfluss des Risikos auf den Ausschreibungswettbewerb erweitert und die für die empirische Analyse benötigten Kriterien erläutert. Die Betrachtung der Markteintrittsbarrieren wird um Indikatoren zur Kapitalintensität ergänzt. Das Kapitel schließt mit einer Erläuterung von Kriterien zur Untersuchung des Aus-schreibungsdesigns als Rahmenbedingung des Ausschreibungswettbewerbs.

---

[143]   Vgl. Preston et al. (2000, S. 111), die diese Einschätzung in ihrer empirischen Untersuchung für den britischen Markt bestätigten.

2.1 Optimale Auktion

Bei der vergleichenden Analyse von SPNV-Ausschreibungen stellt sich die Frage nach einem Kriterium, mit dem der Erfolg der betrachteten Vergabeverfahren beurteilt werden kann. Um den Erfolg des Ausschreibungswettbewerbs zu messen, bietet sich zunächst der im Rahmen einer Vergabe erzielte Zuschussbedarf je Zugkm als vergleichbares Kriterium an. Dieser stellt aus Sicht des einzelnen Aufgabenträgers das entscheidende Erfolgskriterium dar.

Kriterien Preis inklusive und Preis exklusive Infrastrukturkosten (KPrin und KPrex)

Der Zuschussbedarf bzw. „Preis" je Zugkm inklusive Infrastrukturkosten wird mit KPrin abgekürzt. Da die Infrastrukturkosten regelmäßig 40 bis 50 Prozent der SPNV Betriebskosten betragen und in Abhängigkeit von der gewählten Strecke (zum Beispiel Haupt- oder Nebenstrecke) schwanken, wird der Subventionsbedarf bzw. „Preis" je Zugkm exklusive Infrastrukturkosten als KPrex erhoben. Beide Kriterien weisen eine Verhältnisskala auf.[144]

Wie im nächsten Kapitel noch näher erläutert wird weisen die Daten zum Zuschussbedarf eine hohe Streuung auf, die im Wesentlichen auf exogene, vom Bieter nicht zu verantwortende Einflussgrößen zurückzuführen ist. Der Zuschussbedarf scheint deshalb als ein vergleichbarer Erfolgsmaßstab von SPNV-Ausschreibungen ungeeignet zu sein, weshalb im Folgenden ein alternatives Bewertungskriterium vorgeschlagen wird.

Aus Sicht des Aufgabenträgers, der im Vergabeverfahren gleichzeitig die Rolle eines Auktionators einnimmt, ist das Ausschreibungsdesign dann optimal, wenn als Ergebnis der Betreiber mit dem geringst möglichen Subventionsbedarf ausgewählt wird. Es wird angenommen, dass das Ziel der Maximierung der Gesamtwohlfahrt nicht primär verfolgt wird. Da annahmegemäß dem Aufgabenträger für den Betrieb eines SPNV-Netzes mehrere potenzielle Betreiber zur Verfügung stehen, muss ein Ausschreibungswettbewerb initiiert werden, um die effizienteste Unternehmung auszuwählen. Es wird angenommen, dass die Bieter asymmetrisch sind und ihre erwarteten Kostenfunktionen und ihre Risikoeinstellungen private Informationen darstellen.[145]

Die Bieter geben ein Gebot ab, das ihre erwarteten Kosten zuzüglich einer Risikoprämie und eines angemessenen Gewinnzuschlags gerade noch deckt. Die Existenz von Wettbewerbern im Vergabeverfahren verhindert darüber hinaus gemäß McCall (1970, S. 839) die Abgabe von Geboten, die (bei vergleichbarem Risiko) höhere Gewinne als in der Privatwirtschaft einkalkulieren und damit die Partizipationsbedingung übererfüllen.

Gemäß der in Kapitel II.2 dargestellten Theorie führt steigender Ausschreibungswettbewerb in einem Markt tendenziell zu einem niedrigeren Gleichgewichtspreis, da mit steigender Bieterzahl die Produktivität des Gewinners der Aus-

---

[144] Vgl. Laeger (2004, S. 88) zum Anteil der Infrastrukturkosten.

[145] Vgl. Borrmann (2003a, S. 91), der von vergleichbaren Annahmen ausgeht.

schreibung zunimmt.[146] Eine steigende Bieterzahl führt somit tendenziell zu einem niedrigeren Subventionsbedarf für die ausschreibende Stelle. Dies entspricht auch den Ergebnissen der empirischen Untersuchung von Preston et al. (2000, S. 106 –109), der unter Verwendung des Mulitnominalen Logit-Modells bei einer Reduzierung der Bieterzahl eine Steigerung des Zuschussbedarfs nachweist. Dieser steigt im Extremfall bei einer Reduzierung der Bieterzahl von vier auf einen Bieter in seiner Schätzung um bis zu 60 Prozent. Ziel des Aufgabenträgers muss somit die Erfüllung der Partizipationsbedingung einer möglichst hohen Anzahl potenzieller Bieter sein. Die Anzahl der Bieter wird aus diesem Grunde im Folgenden als Kriterium zur Beurteilung des Erfolgs hinsichtlich der Erfüllung des ersten Primärziels verwandt.

Kriterium Bieter (KBiet)
Untersuchungsgegenstand ist die Anzahl der in einem Vergabeverfahren als Bieter aufgetretenen Unternehmen. Die Anzahl der Bieter wird mittels des Kriteriums KBiet erhoben und ist verhältnisskaliert.

Kriterium Anfrager (KAnfr)
Zur Ermittlung der potenziellen Anzahl von Bietern in einem Verfahren wurde die Anzahl der Unternehmen erhoben, die ernsthaftes Interesse an diesem Vergabeverfahren geäußert haben und im Anschluss an die Vergabebekanntmachung die Verdingungsunterlagen angefordert haben. So genannte Planungsbüros, die lediglich am Aufbau und an der inhaltlichen Gestaltung der Verdingungsunterlagen interessiert waren, wurden bei dieser Betrachtung außer Acht gelassen. Dieses Kriterium ist ebenfalls verhältnisskaliert und wird abgekürzt als KAnfr.

2.2 Markteintrittsbarrieren

Das Ziel eines hohen Ausschreibungswettbewerbs zur Erzielung eines niedrigen Zuschussbedarfs erfordert, wie bereits erwähnt, eine möglichst große Bieteranzahl. Der Aufgabenträger hat als Auktionator die Möglichkeit über die Bestimmung der Vergabebedingungen die Intensität des Ausschreibungswettbewerbs zu beeinflussen, indem er die Partizipationsbedingung einer möglichst hohen Anzahl potenzieller Bieter erfüllt. Enthalten die Verdingungsunterlagen Bestimmungen, die potenzielle Bieter von der Abgabe eines Angebotes abhalten, sind diese als Markteintrittsbarrieren im Sinne des Kapitels II.2.4 zu werten. So kann insbesondere ein sich aus den jeweiligen Unterlagen ergebendes, hohes vertragsimmanentes Gesamtrisiko potenzielle Bieter vor einem Eintritt in den Wettbewerb um den Markt abhalten. Eine optimale Auktion bzw. Ausschreibung reduziert demnach die Unsicherheit aus Sicht der Bieter, um die Risikoprämie zu reduzieren. Weiterhin argumentieren McAfee et al. (2004, S. 464), dass auch eine Gruppe kleinerer Barrieren zu einer signifikanten Markteintrittsbarriere werden kann. Im Anschluss an

---

[146] Es wird angenommen, dass mit zunehmender Anzahl der Bieter der Grad des Ausschreibungswettbewerbs steigt.

die Erläuterung potenzieller Risikoindikatoren werden deshalb Kriterien zur Analyse der Fixkostenbelastung identifiziert. Die Kriterienentwicklung zur Untersuchung des Ausschreibungswettbewerbs schließt mit einer kurzen Betrachtung des Ausschreibungsdesigns.

2.2.1 *Erste Erweiterung der Hypothese: Kostenrisiko*

Wie in Kapitel II.1.3 dargestellt, regt die ökonomische Theorie insbesondere bei Preissteigerungen von Inputfaktoren die Übernahme zumindest eines Teils des Kostensteigerungsrisikos durch den risikoneutralen Vertragspartner an, um die Risikoprämie des risikoaversen Vertragspartners zu reduzieren. Borrmann (2003a, S. 143, S. 157 und S. 164 f.) empfiehlt für den SPNV hinsichtlich der Vertragsgestaltung eine Mischform zwischen Kostenerstattungsverträgen, bei denen dem Betreiber die im Betrieb entstandenen Kosten erstattet werden, und Festpreisverträgen (Brutto- und Nettoverträge). Problematisch sei allerdings die Eingrenzung des Kostenteilungsparameters (bzw. Risikoteilungsparameters): Dieser sollte seiner Meinung nach bereits vor der Ausschreibung festgelegt werden, wenngleich es nicht möglich sei, den optimalen Parameter ex ante exakt zu bestimmen. Erschwerend wirkt in diesem Zusammenhang der zum Zeitpunkt der Veröffentlichung noch unbekannte Grad der Risikoaversion des Betreibers.

Entschließt sich der Aufgabenträger zur Übernahme zumindest eines Teils des Kostensteigerungsrisikos, so sollten insbesondere die Preissteigerungsrisiken der kostenintensiveren Inputfaktoren übernommen werden, deren Steigerung gleichzeitig vom Betreiber kaum beeinflussbar sind. Hier wird die Wahl eines geeigneten Kostenindexes vorgeschlagen, der die Subventionszahlungen anteilig zur Kostensteigerung der Inputfaktoren erhöht. Dieser Index, der im Rahmen einer Preisgleitklausel festzulegen wäre, sollte allerdings genau verifizierbar sein. Borrmann (2003a, S. 143, S. 157 und S. 164 f.) betont insbesondere die Bedeutung der Übernahme des Trassenpreisrisikos sowie die Übernahme des Lohn- und Energiekostenrisikos.

Laeger (2004, S. 65 f. und S. 92 – 104) spricht sich ebenfalls für Preisgleitklauseln aus, im Rahmen derer der Auftraggeber die Preissteigerungen dieser Kostenblöcke übernimmt, wobei er die der Übernahme des Infrastrukturpreisrisikos als zwingend erforderlich ansieht. Es sei angemerkt, dass sowohl das Trassenpreissystem des Infrastrukturbetreibers DB Netz AG aufgrund kartellrechtlicher Bedenken und Beschwerden zwischen 1996 und 2002 bereits dreimal grundlegend überarbeitet wurde sowie das Stationspreissystem des Infrastrukturbetreibers DB Station & Service AG regelmäßig grundlegend überarbeitet wird. Dies zeigt, dass die Infrastrukturkosten für ein privates Verkehrsunternehmen, welches nicht zugleich der Infrastrukturbetreiber ist, derzeit nicht seriös kalkuliert werden können, wenn diese im Rahmen von Ausschreibungen für Laufzeiten von 8 – 15 Jahren verbindlich angegeben werden müssen.[147]

Auch Laeger (2004, S. 65 f. und S. 92 – 104) begründet die Notwendigkeit einer Preisgleitklausel mit den langen Laufzeiten der Verträge, die eine zuverlässige Vorhersage der Kostensteigerungen nicht zulassen. Da die Finanzierung der Fahrzeuge über die gesamte Laufzeit des Vertrages festgeschrieben ist, besteht hier regelmäßig kein Preissteigerungsrisiko. Im Rahmen dieser Arbeit wurde deshalb untersucht, ob die Verdingungsunterlagen die Übernahme des Preissteigerungsrisikos in Bezug auf die Infrastruktur-, Personal- und Energiekosten vorsehen. Diese stellen gleichzeitig hinsichtlich eines Preissteigerungsrisikos die wichtigsten Kostenblöcke dar.

Als Infrastrukturkosten werden insbesondere die an den Infrastrukturbetreiber (in der Regel die DB Netz AG) zu zahlenden Gebühren für die Nutzung von Trassen und Stationen verstanden. Diese werden bei Laeger (2004, S. 86 – 90) mit ca. 45 Prozent der Betriebskosten angegeben. Die Personalkosten stellen alle Kosten für die im direkten oder indirekten Zusammenhang mit der ausgeschriebenen Strecke vom Betreiber einzusetzenden Mitarbeiter dar und betragen ca. 13 Prozent der Betriebskosten. Die Energiekosten bestehen, je nach Streckenart, aus den Kosten für Dieselkraftstoff und/oder den Kosten für elektrische Energie. Sie werden mit einem Anteil von ca. sechs Prozent an den Betriebskosten einkalkuliert.

Kriterium Preisgleitklausel (KPrgl)
In Anlehnung an die von Laeger (2004, S. 88) dargestellte Übersicht der prozentualen Anteile dieser Kostenblöcke an den Betriebskosten wird das Kriterium KPrgl mittels einer Verhältnisskala ermittelt. Erfasst wurde, ob die jeweiligen Verdingungsunterlagen die Übernahme von Preissteigerungen vorsahen. Hierfür wurde auf Basis der Einschätzungen von Laeger für jede Ausschreibung der aufsummierte Anteil an den gesamten Betriebskosten des vom Aufgabenträger in einer Preisgleitklausel übernommenen Preissteigerungsrisikos als Dezimalskala verwendet.[148]

Folgende Werte wurden dabei aufgenommen:

– 0,00: Keine Übernahme von Preissteigerungsrisiken durch den Aufgabenträger (0 Prozent der gesamten Betriebskosten sind mit einer Preisgleitklausel abgesichert)
– 0,45: Übernahme des Preissteigerungsrisikos der Infrastrukturkosten durch den Aufgabenträger (Die Infrastrukturkosten haben lt. Laeger einen Anteil von ca. 45 Prozent an den gesamten Betriebskosten, eine dies-

---

[147] Dies entspricht der Einschätzung eines Gesprächspartners aus den Experteninterviews von Seiten der Betreiber. Vgl. hierzu auch Quandt (2003, S. 6).

[148] Dieses Vorgehen sichert ein hohes Maß an Reliabilität in der Messung. Die Alternative einer Befragung der potenziellen Bieter eines Verfahrens hinsichtlich des vertragsimmanenten Kostensteigerungsrisikos erfüllt dieses Kriterium auch unter dem Aspekt der Objektivität nicht mit der gleichen Güte.

bezügliche Preisgleitklausel würde demnach 45 Prozent der gesamten Betriebskosten für den Betreiber absichern)

- 0,58: Zusätzliche Übernahme des Preissteigerungsrisikos der Personalkosten (Absicherung von 45 Prozent (Infrastrukturkostenanteil) + 13 Prozent (Personalkostenanteil) an den gesamten Betriebskosten durch eine Preisgleitklausel)

- 0,64: Zusätzliche Übernahme des Preissteigerungsrisikos der Energiekosten (Absicherung von 45 Prozent (Infrastrukturkostenanteil) + 13 Prozent (Personalkostenanteil) + 6 Prozent (Energiekostenanteil) an den gesamten Betriebskosten durch eine Preisgleitklausel)

Wird die gerichtete Hypothese aus Kapitel II.2.4.1:[149]

H: *Je höher das vertragsimmanente Risiko einer Vergabe, desto geringer ist die Anzahl der Bieter in der Ausschreibung.*

hinsichtlich der Preisgleitklausel einer SPNV-Ausschreibung verfeinert, so ergibt sich die Hypothese:

H[P]: *Je geringer die Übernahme des Preissteigerungsrisikos durch den Aufgabenträger, desto geringer ist die Anzahl der Bieter.*

Demzufolge würde sich im Falle der Übernahme des Preissteigerungsrisikos aller drei Kostenblöcke durch den Aufgabenträger eine hohe Anzahl von Bietern (und damit ein hoher Ausschreibungswettbewerb) einstellen. Im Falle der Übernahme keines der Preissteigerungsrisiken würde sich der Grad des Ausschreibungswettbewerbs im Vergleich zur vollen Risikoübernahme tendenziell reduzieren.

2.2.2 Zweite Erweiterung der Hypothese: Fluch des Gewinners

Das Erlöspotenzial einer Strecke wird bestimmt durch das Nachfragepotenzial und den Fahrpreis. Da die Tarifstruktur inklusive der Fahrscheinarten in allen betrachteten Fällen vom Aufgabenträger (ggf. im Zusammenwirken mit der zuständigen Genehmigungsbehörde) direkt oder indirekt vorgegeben ist, wird angenommen, dass der Fahrpreis vom Betreiber nicht beeinflusst werden kann. Somit wird das Fahrgelderlöspotenzial stark durch externe, vom Betreiber nicht veränderbare Faktoren beeinflusst. Hierzu zählen insbesondere das Nachfragepotenzial, das durch Faktoren wie Bevölkerungsdichte und Güte alternativer Verkehrsmittel beeinflusst wird, sowie die Tarifergiebigkeit. Letztere bestimmt sich insbesondere durch die Multiplikation der von den Fahrgästen gewählten Fahrscheinarten mit der Anzahl der jeweiligen Nutzer dieser Fahrscheinarten.[150] Zusätzlich sind die historisch gewach-

---

[149] Vgl. Laatz (1993, S. 12) zur Bildung gerichteter Hypothesen.

[150] So steigt die Tarifergiebigkeit zum Beispiel mit einem verstärkten Verkauf relativ teurer Einzelfahrscheine.

senen Verfahren der Einnahmeaufteilung in Verkehrsverbünden insbesondere für neue Unternehmen oft intransparent, wie Schmidt et al. (2004, S. 29) betonen. Das Fahrgelderlöspotenzial kann damit in die Nähe des unter Kapitel II.2.2 erläuterten common value-Ansatzes eingeordnet werden. Das ex post-Erlöspotenzial sei für alle potenziellen Betreiber gleich.

Die Erwartungsbildung über das Fahrgelderlöspotenzial erfolgt primär auf Basis der vom Aufgabenträger mit den Verdingungsunterlagen zur Verfügung gestellten Informationen. Angenommen, der Grad der Risikoaversion der einzelnen Unternehmen sei eine stetig verteilte Zufallsvariable ansonsten symmetrischer Unternehmen. Dann stellt die Risikoeinstellung des einzelnen Unternehmens ein privates Signal für die Abschätzung des Fahrgelderlöspotenzials dar. Die so ermittelte Wertschätzung des Bieters über den tatsächlichen Wert der Fahrgelderlöse bildet die Grundlage für die Kalkulation des Angebotes. Je umfassender die Informationsmenge der zur Verfügung gestellten Nachfrageinformationen, desto geringer ist die Unsicherheit über das (erwartete) Fahrgelderlöspotenzial und desto geringer ist die Breite des Schwankungsintervalls c um das tatsächliche Fahrgelderlöspotenzial. Je besser die mit den Verdingungsunterlagen zur Verfügung gestellte Datenbasis, desto geringer ist somit die Unsicherheit und desto geringer ist das Risiko des Überbietens im Falle einer Nettoausschreibung.[151]

Borrmann (2003a, S. 175) fordert von den Aufgabenträgern, sämtliche Informationen über die Nachfrage offen zu legen, um die Gefahr des Fluchs des Gewinners zu vermeiden und gleichzeitig ein aggressiveres Bieten zu ermöglichen. Die dann reduzierte Unsicherheit ermöglicht eine Kalkulation auf Basis einer reduzierten Risikoprämie. Er weist gleichzeitig darauf hin, dass Zahlen des Altbetreibers nicht ausreichend glaubwürdig seien und deshalb keine gute Kalkulationsbasis darstellen. Der Informationsvorsprung des Altbetreibers über das Nachfragepotenzial und die Tarifergiebigkeit ist grundsätzlich als kritisch zu beurteilen, da es hierdurch zu einer Verzerrung der Ausgangsbedingungen der Bieter kommen kann.[152] Informationen des Aufgabenträgers sind aus Sicht der übrigen Bieter glaubwürdiger, wenngleich im Optimalfall von Seiten des Aufgabenträgers ein umfassendes Gutachten über das Nachfragepotenzial vorgelegt wird.

Kriterium Nachfrageinfos (KNinf)

Im Rahmen der Untersuchung wurde die Qualität der mit den Verdingungsunterlagen zur Verfügung gestellten Informationen über die Nachfrage anhand vier verschiedener ordinalskalierter Ausprägungen beurteilt (Kriterium KNinf). Ermittelt wurde, ob von Seiten des Aufgabenträgers keine Informationen über die Nachfrage zur Verfügung gestellt wurden, ob die Informationen vom Altbetreiber stammen, ob sie direkt vom Aufgabenträger zur Verfügung gestellt wurden oder ob (im Optimalfall) den Verdingungsunterlagen ein umfangreiches Gutachten über das Nach-

---

[151] Vgl. auch Kapitel II.2.2., insbesondere die Abbildung zum Schwankungsintervall auf S. 51.

[152] Vgl. auch Werner (1998, S. 216).

fragepotenzial und die Tarifergiebigkeit beigefügt wurde. Im Falle eines Bruttovertrages wurde auf eine Ermittlung dieser Daten verzichtet.

Wie die im nächsten Kapitel noch näher zu erläuternden Daten zeigen, stellen die Aufgabenträger im Falle von Nettoausschreibungen in der Regel keine valide Datenbasis über das jeweilige Nachfragepotenzial zur Verfügung. Die Übertragung des Erlösrisikos birgt demnach die Gefahr des Fluchs des Gewinners. Borrmann (2003a, S. 174 und S. 236) weist darauf hin, dass die Übertragung des Fahrgelderlösrisikos auf den Betreiber zwar Anreizwirkungen hat. Gleichzeitig ist jedoch der Grad der Risikoaversion des Unternehmens zu berücksichtigen. Ausgehend von einer stochastischen Erlösfunktion und einem risikoaversen Bieter wird dieser eine dem Erlösrisiko angemessene Risikoprämie einkalkulieren. Der potenzielle Betreiber versucht hierdurch das Risiko des Fluchs des Gewinners zu berücksichtigen. Ist der Aufgabenträger risikoneutral, so ist eine Übertragung des Erlösrisikos auf den Betreiber nicht mehr optimal. Allerdings führt eine Reduzierung der Erlösbeteiligung des Agenten von einer anreizkompatiblen first-best-Lösung weg. Eine Übertragung des Erlösrisikos auf den Betreiber erscheint nur sinnvoll, wenn dieser eine ausreichende Informationsmenge hat und das Angebot wesentlich beeinflussen kann.

Kriterium Erlösrisiko (KErlr)
Um die Wirkungen der Verteilung des Erlösrisikos zu überprüfen, wurde im Rahmen dieser Untersuchung der Anteil des Betreibers am Fahrgelderlös als Erlösrisiko in Prozent erfasst. Dieses Kriterium weist eine Verhältnisskala auf und wird mit KErlr abgekürzt.

Wird die gerichtete Hypothese aus Kapitel II.2.4.1:

H: *Je höher das vertragsimmanente Risiko einer Vergabe, desto geringer ist die Anzahl der Bieter in der Ausschreibung.*

hinsichtlich des Erlösrisikos einer Ausschreibung von Verkehrsleistungen im SPNV
verfeinert, so ergibt sich die Hypothese:

H^E: *Je höher das Erlösrisiko für den Betreiber, desto geringer ist die Anzahl der Bieter.*

Demzufolge würde sich im Falle der Übertragung eines nur geringen Anteils am Erlösrisiko auf den Betreiber eine hohe Anzahl von Bietern (und damit ein hoher Ausschreibungswettbewerb) einstellen. Im Falle der Übernahme des gesamten Erlösrisikos durch den Betreiber würde sich der Grad des Ausschreibungswettbewerbs im Vergleich zur vollen Übernahme des Erlösrisikos durch den Aufgabenträger tendenziell reduzieren.

Kriterium Vertragsart (KVert)

Wie in Kapitel I.3.3 beschrieben, weisen lediglich Nettoverträge sowie Nettoanreizverträge dem Betreiber ein direktes Fahrgelderlösrisiko zu. Aus diesem Grund wird bei Brutto- bzw. Bruttoanreizverträgen ein Fahrgelderlösrisiko von null Prozent angenommen.[153] Im Rahmen dieser Arbeit wurde die Vertragsart nominalskaliert als Kriterium KVert erfasst.

2.2.3 Formulierung des Modells

Werden die Hypothesen H^P und H^E als stochastisches Modell zusammengefasst, lässt sich folgende Beziehung vermuten:

$$(15) \qquad KBiet = Konstante + p \times KPrgl + e \times KErlr + u$$

Aufgrund des sachlogischen Zusammenhangs sind die Variable *KBiet* als endogene Variable und die Variablen *KPrgl* und *KErlr* als exogene Variablen einzustufen. Darüber hinaus kann ein positiver Koeffizient *p* für *KPrgl* und ein negativer Koeffizient *e* für *KErlr* vermutet werden. *u* stellt eine stochastische Zufallsvariable dar, die als Störgröße bezeichnet wird.

2.2.4 Kapitalintensität

Wie in Kapitel II.2.4.2 dargestellt, könnten hohe Kapitalkosten neue Unternehmen ohne ausreichende Ressourcen von einer Angebotsabgabe abhalten. Kapitalfixkosten, die gemäß Laeger (2004, S. 87 f.) im Durchschnitt 18 Prozent der laufenden Betriebskosten betragen, entstehen dem Betreiber insbesondere im Bereich der Fahrzeugfinanzierung. Diese Kosten stellen somit ein wichtiges Indiz für die Kapitalintensität der Ausschreibung dar. Da die Finanzierungskosten jedoch aus Sicht der Betreiber während der Vertragslaufzeit fixiert und damit frei von einem Änderungsrisiko sind, erfolgt an dieser Stelle, wie oben erwähnt, keine Erweiterung der Hypothese zum Einfluss des Risikos. Aus Sicht der Betreiber besteht lediglich ein Weiterverwendungsrisiko, das weiter unten erläutert wird.

Kriterium Fahrzeuge (KAfzg)

Da die tatsächlichen Kosten der Fahrzeugfinanzierung je Ausschreibung von den Unternehmen aus verständlichen Gründen nicht veröffentlicht werden, wird im Rahmen dieser Untersuchung zur Bestimmung der Kapitalintensität einer Ausschreibung als Hilfsgröße eine transformierte Anzahl der Fahrzeuge je Ausschreibung verwendet. Die Transformation ermöglicht eine gewisse Vergleichbarkeit der eingesetzten, teilweise sehr unterschiedlichen, Fahrzeuge. Hierfür wurden einteilige

---

[153] Es sei in diesem Zusammenhang angemerkt, dass einige Bruttoanreizverträge Bonuszahlungen für Nachfragesteigerungen vorsehen. Diese sind jedoch aufgrund der geringen Höhe zu vernachlässigen. So weist zum Beispiel A24 einen Bonus von 0,025 Euro je zusätzlichem Personenkilometer auf.

Triebwagen einzeln gezählt. Zwei-, drei- und vierteilige Triebwagen wurden zwei-, drei- und vierfach gezählt. Bei lokbespannten Garnituren wurde die Anzahl der verwendeten Wagen zuzüglich der Lok als Anzahl der verwendeten Fahrzeuge verwendet.[154] Das Kriterium KAfzg sei intervallskaliert. Die transformierte Anzahl der Fahrzeuge bildet ein Indiz für die Kapitalintensität der Ausschreibung.[155]

Kriterium Zugkm (KZges)
Da Ausschreibungen mit größeren Zugkm-Leistungsvolumina tendenziell auch eine höhere Anzahl von Fahrzeugen erfordern, wird eine Korrelation vermutet. Das gesamte Leistungsvolumen einer Vergabe wird mit dem verhältnisskalierten Kriterium KZges erhoben und kaufmännisch gerundet erfasst.

Laeger (2004, S.125 – 127) betont mit Blick auf die Kapitalintensität, dass die Anzahl der Triebwagen je Ausschreibung im Optimalfall zwischen 10 und 30 liegen sollte. Das optimale Leistungsvolumen einer Ausschreibung bewege sich aus Sicht der Bieter zwischen 1 Mio. Zugkm und 3,5 Mio. Zugkm. Er begründet dies damit, dass (mit Ausnahme der DB) die Unternehmen derzeit kaum in der Lage seien, die Verkehrsleistung zum Beispiel eines ganzen Bundeslandes darzustellen. Im Hinblick auf die Fixkosten insbesondere bei Verwaltung und Reservefahrzeugen sei allerdings eine gewisse Mindestgröße nötig.

Die Höhe der Kapitalintensität und die Ausgestaltung der Vertragsbedingungen haben insbesondere Einfluss auf die Beurteilung des Weiterverwendungsrisikos der Fahrzeuge nach Ablauf der Vertragslaufzeit. Laeger (2004, S. 129 f.) macht deutlich, dass die Betreiber Planungssicherheit benötigen. Da die wirtschaftliche Lebensdauer der Fahrzeuge mit mindestens 20 Jahren in der Regel über der Laufzeit der Verträge von zumeist zehn Jahren liegt und sich der Gebrauchtfahrzeugmarkt erst in der Entwicklungsphase befindet, wie Lux (2003, S. 12 – 14) betont, besteht ein gewisses Weiterverwendungsrisiko. Dieses kann zumindest einen positiven Einfluss auf die Höhe der Finanzierungskosten haben. Aus diesem Grund spricht sich Yvrande-Billon (2004, S. 181 – 185) auf Basis einer empirischen Analyse der britischen Passenger-Rail-Franchiseverträge mit zunehmendem Spezialisierungsgrad der Fahrzeuge für eine längere Laufzeit des zugrunde liegenden Verkehrsvertrages aus. Nur so ließen sich die Kosten für den Aufgabenträger minimieren.

Kriterium Vertragslaufzeit (KVlzt)
Die Laufzeit der Verträge wurde als Verhältnisskala mit KVlzt erhoben. Gemessen wurde dabei der Zeitraum von der Betriebsaufnahme bis zum regulären Ende der Vertragslaufzeit.

---

[154] Eine lokbespannte Garnitur besteht in der Regel aus einer Lok, einfachen Personenwagen und einem Steuerwagen, um den Zweirichtungsbetrieb zu ermöglichen.

[155] Dieses Vorgehen stellt eine starke Vereinfachung dar, ermöglicht jedoch ohne Kenntnis der tatsächlich ausgehandelten Preise je Fahrzeug eine Einschätzung der Kapitalintensität. Wie eine Fahrzeugbaufirma im Expertengespräch bestätigte, ermöglicht diese Methode eine Einschätzung der Kapitalintensität einer Ausschreibung.

Eine weitere Lösungsmöglichkeit zur Regulierung des Weiterverwendungsrisikos könnte ein für den Fall des Betreiberwechsels regulierter Eigentumstransfer der Fahrzeuge auf den nächsten Betreiber sein.[156] Fehlende Transferregeln in den Verdingungsunterlagen stellen nach Ansicht von Lehmann (1999, S. 201 – 204) eine Markteintrittsbarriere dar.[157] Alternativ könnte der Aufgabenträger die Investitionen in Fahrzeuge und/oder Werkstätten direkt bezuschussen bzw. fördern oder selbst die Fahrzeuge im Rahmen eines Fahrzeugpools anschaffen und den Bietern bereitstellen. Laeger (2004, S. 172) spricht sich für Fahrzeugpools insbesondere bei Spezialfahrzeugen mit einer fehlenden Alternativverwendung aus.

Kriterien Eigentumstransfer, Fahrzeugpool und Investitionsförderung (KEigt, KFzgp und KInvf)
Im Rahmen der Untersuchung wurde geprüft, ob ein Eigentumstransfer der Fahrzeuge (Kriterium KEigt) in den Verdingungsunterlagen festgelegt war bzw. ob der Aufgabenträger die Fahrzeuge im Rahmen eines Fahrzeugpools zur Verfügung stellt (Kriterium KFzgp). Beide Kriterien sind nominalskaliert. Darüber hinaus wurde ermittelt, ob der Aufgabenträger auf eine Förderung der Investitionskosten verzichtete, ausschließlich Fahrzeuge gefördert wurden oder gar die Investitionen in Fahrzeuge und Werkstätten finanziell unterstützt wurde. Das Kriterium KInvf wurde ordinalskaliert erhoben.

2.3   Ausschreibungsdesign
2.3.1   Verfahrensarten
Neben der Anzahl der Bieter wird der Grad des Ausschreibungswettbewerbs, wie in Kapitel II.2 gezeigt, auch vom Ausschreibungsdesign beeinflusst. Gandenberger (1961, S. 226-258) betont, dass die Wahl der Verfahrensart einen Einfluss auf den Wettbewerbsdruck eines Verfahrens hat. Nach seiner Überzeugung weist das Offene Verfahren den höchsten Wettbewerbsdruck auf. Er begründet dies zum einen mit der vollkommenen Marktübersicht für die Nachfrageseite und zum anderen mit der Homogenität der Leistung, die durch die Verpflichtung zu einer genauen Leistungsbeschreibung erreicht wird. Die beschränkte Ausschreibung und die freihändige Vergabe lassen sich nicht eindeutig in ihrer Wettbewerbswirkung unterscheiden. Ein Teilnahmewettbewerb erhöhe jedoch den Wettbewerbsdruck. Anzumerken ist, dass bei der Wahl des Offenen Verfahrens eine unbeschränkte Anzahl von Unternehmen zur Angebotsabgabe aufgefordert wird.[158] Im Rahmen des beschränkten Verfahrens reduziert sich die Anzahl insbesondere im Anschluss an den Teilnahmewettbewerb in der Regel auf ca. fünf Bieter, die vom Aufgabenträger ausgewählt werden.

---

[156]   Vgl. auch Kapitel II.3.3.

[157]   Vgl. auch Williamson (1976, S. 83 – 85), der sich ebenfalls für Transferregeln bei langlebigen Investitionsgütern ausspricht.

[158]   Vgl. Werner (1998, S. 215).

Kriterium Verfahrensart (KVerf)

Im Zuge der Untersuchung werden die verwendeten Verfahrensarten, wie sie in Kapitel I.3.2 erläutert wurden, erhoben. Das Kriterium KVerf ist nominalskaliert.

2.3.2 Kollusive Absprachen

Neben der Wahl des Verfahrens können insbesondere Kartellabsprachen einen Einfluss auf den Ausschreibungswettbewerb haben, der annahmegemäß negativ ist. Der SPNV-Markt in Deutschland weist derzeit eine eher oligopolistische Marktstruktur auf.[159] Wie in Kapitel II.2.3 bereits dargestellt, weist Demsetz (1968, S. 58 – 62) für den Fall oligopolistischer Marktstrukturen auf die Gefahr der Bildung von Bieterkartellen zu Lasten des monopsonistisch handelnden Prinzipals hin. Lehmann (1999, S. 180 f.) und Preston et al. (2000, S. 111) ordnen SPNV-Ausschreibungen (bzw. Rail-Franchises) grundsätzlich als stark anfällig für kollusive Absprachen ein. Auch wenn der Aufgabenträger bestrebt ist, sowohl die Anzahl der tatsächlichen als auch der potenziellen Bieter zu erhöhen, um den Grad des Ausschreibungswettbewerbs zu steigern, bleibt diese Gefahr bestehen.

Neben dem grundsätzlichen Ziel der Erhöhung des Ausschreibungswettbewerbs widmet sich Borrmann (2003a, S. 210 – 230) in diesem Zusammenhang unter anderem dem Problem des Verteilungsmechanismus der Kollusionsgewinne an die Mitglieder des Bieterkartells. Die Kartellmitglieder könnten versuchen durch (fiktive) Verträge zu überhöhten Konditionen den Gewinn aus dem Bieterkartell im Anschluss an die Ausschreibung aufzuteilen. Als Einwirkungsmöglichkeit des Aufgabenträgers empfiehlt er unter anderem die Möglichkeit, die Verteilung der Kartellgewinne über Subunternehmeraufträge einzuschränken.

Kriterium Subunternehmer (KSubu)

Im Rahmen dieser Untersuchung wurde geprüft, ob die Aufgabenträger Unteraufträge des Gewinners an andere Unternehmen zulassen und ob diese einem Genehmigungsvorbehalt des Aufgabenträgers unterliegen.[160] Das ordinal skalierte Kriterium wird mit KSubu bezeichnet.

3. Informationsasymmetrie und Anreizmechanismen

Wie oben geschildert, verfolgt der Aufgabenträger als Prinzipal neben dem in der Vergabephase verfolgten Primärziel der Senkung des Zuschussbedarfs für die Vertragsphase das Primärziel der Reduzierung der Informationsasymmetrie und ihrer Auswirkungen, insbesondere im Anschluss an die Zuschlagserteilung. Die Qualität der erbrachten Verkehrsleistung soll mindestens dem im Vertrag vereinbarten Niveau entsprechen. Für eine Beurteilung des Erfolgs hinsichtlich dieses Primärziels

---

[159] Vgl. Kapitel I.2.2.

[160] Im Falle einer Angabepflicht bei Angebotsabgabe erteilt der Aufgabenträger mit dem Zuschlag implizit die Genehmigung.

existieren bislang im deutschen SPNV-Markt keine ausreichenden Daten, zumal die überwiegende Mehrheit der betrachteten Vergabeverfahren zum Zeitpunkt der Untersuchung das Ende der ersten Vertragsphase noch nicht erreicht hatte. Da eine ex post-Betrachtung somit zum damaligen Zeitpunkt nicht möglich war, erfolgte die Beurteilung der Vergabeverfahren in diesem Bereich anhand der Empfehlungen der in Kapitel II.1 und insbesondere Kapitel II.3 dargestellten ökonomischen Theorie. Hierfür werden die bisher gewonnenen Erkenntnisse im Folgenden um weitere verkehrswissenschaftliche Erkenntnisse ergänzt, um anschließend die der Untersuchung zu Grunde liegenden Kriterien abzuleiten. Die Gliederung orientiert sich dabei an der Übersichtstabelle auf S. 68.

3.1 Hidden characteristics

Im Rahmen der Analyse der Verdingungsunterlagen können insbesondere Mischformen zwischen signaling und screening untersucht werden.[161] Diese Mischformen treten insbesondere als Aufforderungen der Aufgabenträger an die Bieter zum Aussenden von Signalen über bestimmte Fähigkeiten auf. So werden die Bieter in allen Vergabeverfahren zur Überprüfung ihrer Leistungsfähigkeit zur Angabe bestimmter Signale aufgrund so genannter Mindestbedingungen aufgefordert.[162] Bieter, die diese Signale nicht übermitteln, werden als nicht ausreichend leistungsfähig angesehen und im Anschluss an den Teilnahmewettbewerb (bei beschränkten Verfahren oder freihändigen Vergaben) nicht weiter berücksichtigt bzw. bei offenen Verfahren vom weiteren Prozess der Angebotsprüfung ausgeschlossen.

Erfolgt darüber hinaus eine Abforderung von Signalen zur Qualität der Leistungserbringung durch den Aufgabenträger im Rahmen des screenings, so kann dies über die Abforderung von Zertifikaten erfolgen, die zusätzlich zu den in den o. g. Mindestbedingungen genannten Nachweisen eingereicht werden müssen. Für den SPNV bieten sich die Qualitätszertifikate DIN ISO 9000 ff. und DIN EN 13816 an. Während die DIN ISO 9000 ff. eher prozessorientierte Qualitätsmanagementsysteme in einem beliebigen Unternehmen zertifizieren, ist die DIN EN 13816 auf die kundenorientierte Servicequalität im ÖPNV ausgerichtet.[163]

Kriterium screening (KScre)[164]
Die Verdingungsunterlagen wurden dahingehend überprüft, ob die Zertifikate DIN ISO 9000 ff. oder DIN EN 13816 erwünscht oder sogar vorgeschrieben waren. Diese können sowohl Bestandteil der Teilnahmebedingungen in einem vorgeschal-

---

[161] Der vom Aufgabenträger durchgeführte Untersuchungsumfang beim screening der Bieter lässt sich damit nur indirekt bestimmen.
[162] Diese Mindestbedingungen sind in nahezu allen Vergabeverfahren identisch und orientieren sich an rechtlichen Vorgaben.
[163] Vgl. Bennemann und Wölfel (2004, S. 31 – 35).
[164] Vgl. Borrmann (2003a, S. 86 – 89).

teten Teilnahmewettbewerb als auch Kriterien im Vergabeverfahren selbst sein. Das zugehörige Kriterium KScre ist nominal skaliert.

Neben der Abforderung von Nachweisen und Zertifikaten können auch Signale über die Erfahrung und die bei anderen Strecken unter Beweis gestellte Leistungsfähigkeit eines Bieters die Informationsasymmetrie zu Lasten des Aufgabenträgers reduzieren. Um die Reputation des Betreibers zu überprüfen, können die Aufgabenträger eine Liste der bisher betriebenen Strecken des Betreibers im Rahmen der Erfüllung der Mindestbedingungen anfordern. Dieses Verfahren stellt ein weiteres Element des screening-Prozesses des Aufgabenträgers dar.

Kriterium Reputation (KRepu)

Es wird untersucht, ob der Aufgabenträger eine Liste der bisher vom Bieter betriebenen Strecken abgefordert hat. Das Kriterium KRepu wird nominalskaliert erhoben. Ein weiterer Problemlösungsansatz zur hidden characteristics-Problematik, der self selection-Mechanismus, wird im nächsten Kapitel näher behandelt.

3.2   Hidden action

Um einen hohen Grad der Zielharmonisierung zwischen Aufgabenträger und Betreiber in der Vertragsphase zu erreichen, wird die Nutzung von Anreizinstrumenten empfohlen. Diese Instrumente belohnen den Agenten für ein Handeln im Sinne der Ziele des Prinzipals. Im Idealfall erfüllt das vom Aufgabenträger in den Verdingungsunterlagen festgelegte Zahlungsschema die Anreizkompatibilitätsbedingung und es gelingt eine (weitgehende) Zielharmonisierung.

Wie oben bereits erläutert, werden Anreizzahlungen entsprechend der erbrachten Leistungen gezahlt. Das Leistungsergebnis muss aus diesem Grunde sowohl vom Betreiber als auch vom Aufgabenträger beobachtbar sein. Die Wirkungen der Handlungen auf die Zahlung müssen darüber hinaus für den Agenten verständlich sein. Gleichzeitig muss das Ergebnis von ihm hinreichend beeinflusst werden können. Bei eingeschränkter oder fehlender Beeinflussbarkeit durch den Agenten ist die Berücksichtigung einer entsprechenden Risikoprämie aus Sicht des Bieters zwingend.[165]

Borrmann (2003a, S. 176 – 178) empfiehlt im Rahmen von Anreizverträgen Bonus-Malus-Regelungen. Hierbei werden bestimmte (Mindest-)Leistungsziele einzelner Qualitätskriterien im Verkehrsvertrag festgelegt (zum Beispiel Pünktlichkeitsquote von 95 Prozent, insgesamt zur Verfügung gestellte Sitzplatzkapazität je Fahrzeug von 150 Plätzen, etc.). Untererfüllungen dieser Mindeststandards werden mit einem Malus belegt. Einige Verträge sehen neben Maluszahlungen bei Schlecht- bzw. Nichterfüllung Bonuszahlungen bei Übererfüllung der Ziele vor.

---

[165] Vgl. Borrmann (2003a, S. 57) sowie Müller (2002, S. 431).

Kriterium Bonus-Malus (KBoma)

Im Rahmen dieser Arbeit wurde sowohl die Wahl eines Anreizes durch die Übertragung des Erlösrisikos (KErlr und KVert), welche den Betreiber bei einer schlechten Leistungsqualität unmittelbar mit einer geringeren Nachfrage konfrontiert, als auch über die Wahl von Bonus-Malus-Regelungen untersucht. Letzteres Kriterium wird als KBoma abgekürzt und ist ordinalskaliert. Erhoben wird ob keine Regelung, eine Malusregelung oder gar eine Bonus-Malus-Regelung vorgesehen ist.

Eine weitere Möglichkeit zur Verhinderung bzw. Reduzierung opportunistischen Verhaltens stellt das monitoring dar. Nach Ansicht von Borrmann (2003a, S. 174) lässt sich mit monitoring insbesondere die Qualität überprüfen. Als Beispiele nennt er die Pünktlichkeit oder Standards des Rollmaterials, die harte Angebotsmerkmale darstellen. So genannte weiche Angebotsmerkmale, wie zum Beispiel die Freundlichkeit des Personals, treten bei nicht exakt verifizierbaren Eigenschaften auf. Hier erfolgt eine Überprüfung mittels besonders geschulter Tester. Das monitoring ist damit neben Anreizzahlungen eine Alternative zur Vermeidung von opportunistischem Verhalten. Hinsichtlich der im Betrieb angefallenen Kosten ist eine ausreichende Kontrollmöglichkeit nach Ansicht von Borrmann (2003a, S. 174) aufgrund einer unzureichenden Beobachtbarkeit nicht gegeben. Das monitoring stellt deshalb hierfür keine Alternative dar.

Kriterium monitoring (KMoni)

Im Rahmen dieser Arbeit wird untersucht, ob ein monitoring zum erbrachten Leistungsniveau im Rahmen der Verdingungsunterlagen vorgesehen ist. Zusätzlich wird die Güte bzw. Intensität des monitorings untersucht. Das Kriterium KMoni ist ordinal skaliert.

3.3   Hidden intentions

Wie oben dargestellt wurde, sind unvollständige und schlecht durchsetzbare Verträge aus Sicht des Aufgabenträgers problematisch, da die Absichten des Betreibers nicht gänzlich eingeschätzt werden können. Die konkrete Gefahr des so genannten hold up besteht aus Sicht des Aufgabenträgers, wenn der Betreiber den Betrieb kurzfristig einstellen kann und ein neues Vergabeverfahren nicht rechtzeitig durchzuführen ist. Es könnte ein Zeitraum fehlender Versorgung mit Verkehrsdienstleistungen entstehen, die dem Betreiber aufgrund der Daseinsvorsorgeverpflichtung des Aufgabenträgers ein hohes Drohpotenzial ermöglicht.[166]

Kriterium Sicherheitsleistung (KSich)

Um das Drohpotenzial des Betreibers, das auch vor dem Hintergrund spezifischer Investitionen des Aufgabenträgers zu analysieren ist, zu reduzieren, empfiehlt die ökonomische Theorie die Hinterlegung eines Pfandes bzw. einer Sicherheitsleis-

---

[166]   Vgl. Borrmann (2003a, S. 93).

tung durch den Betreiber zugunsten des Aufgabenträgers. Im Rahmen dieser Untersuchung wurde erhoben, wie viel Prozent des Subventionsbedarfs des ersten Betriebsjahres als Sicherheit zugunsten des Aufgabenträgers hinterlegt werden müssen. Das verhältnisskalierte Kriterium wird als KSich bezeichnet.

Ähnlich disziplinierend wie die Hinterlegung einer Sicherheit kann der in Kapitel II.3.4 beschriebene Effekt der Reputation (Reputationseffekt) sein: Zerstört der Betreiber im laufenden Vertragsverhältnis mit dem Aufgabenträger seine Reputation durch eine schlechte Leistungserstellung, so kann ihn dies bei Vertragsverlängerungen oder zukünftigen Vergabeverfahren benachteiligen. Ist eine Verlängerungsoption im laufenden Verkehrsvertrag vorgesehen, so kann der Aufgabenträger auf die Ausnutzung dieser Möglichkeit bei schlechter Vertragserfüllung verzichten und die Verkehrsleistung stattdessen neu ausschreiben. Dies hat als „Signalwirkung" darüber hinaus einen negativen Effekt auf die Reputation des Betreibers bei zukünftigen Ausschreibungen auch anderer Aufgabenträger (insbesondere dann, wenn diese über screening die Reputation des Bieters prüfen).

Kriterium Vertragsverlängerung (KVerl)
Im Rahmen dieser Untersuchung wurde erhoben, ob und wenn ja, für welchen Zeitraum eine Verlängerung des Vertrages vorgesehen ist. Diese Verhältnisskala wird mit KVerl bezeichnet.

Im Falle spezifischer Investitionen und bei einer als problematisch betrachteten Durchsetzbarkeit von Vertragsverstößen vor Gericht schlägt die ökonomische Theorie die Verwendung des Instruments der Schlichtung vor. Erst bei einem Scheitern des Schlichtungsverfahrens würden die Vertragspartner die Auseinandersetzung vor Gericht weiterführen. Durch die Einigung auf die Anrufung eines Schlichters vor einer gerichtlichen Auseinandersetzung wird eine Klärung durch eine neutrale Instanz erleichtert. Dieses Instrument ermöglicht eine Flexibilisierung des Vertragswerkes insbesondere bei unvorhersehbaren, vertraglich nicht regulierten Ereignissen.

Kriterium Schlichtung (KSchl)
Im Zuge der Untersuchung wird erhoben, ob der Verkehrsvertrag die Anrufung eines Schlichters vor einer gerichtlichen Auseinandersetzung vorsieht. Dieses nominalskalierte Kriterium wird als KSchl bezeichnet.

4.   Sonstige deskriptive Kriterien

Im Folgenden werden weitere Kriterien dargestellt, die vor dem Hintergrund einer weiterführenden deskriptiven Analyse erhoben wurden. Sie zeigen Merkmale auf, anhand derer sich die im Rahmen dieser Untersuchung analysierten Ausschreibungen in das Marktumfeld einordnen lassen. Die Darstellung der Kriterien erfolgt an dieser Stelle aufgrund der geringeren Bedeutung stark gekürzt.

Die Fristen des Vergabeverfahrens, denen sich die Bieter im Verlauf der Angebotserstellung gegenüber sehen, gliedern sich auf in die Frist von der Veröffentlichung bis zur Angebotsabgabe (Angebotsfrist, Kriterium: KAngf), der Zeitraum, für den der Bieter an sein Angebot gebunden ist (Bindefrist, Kriterium: KBinf) und der Zeitraum vom Ende der Bindefrist als zum Zeitpunkt der Abgabe des Angebotes voraussichtlich spätestens möglichem Zeitpunkt der endgültigen Zuschlagserteilung bis zur Betriebsaufnahme (Betriebsvorbereitungszeit, Kriterium: KBetv).

Im Zuge der Betrachtung der Gebotsbewertung wurde ermittelt, ob der Zuschussbedarf explizit das Wichtigste in den Verdingungsunterlagen genannte Kriterium war (KGebz). Mit Blick auf die staatliche Investitionsförderung, die einem Bieter durch die Subventionierung von Werkstätten oder Fahrzeugen in der Vergangenheit gewährt wurde, untersuchte das Kriterium KInfa, ob diese im Rahmen der Gebotsbewertung herausgerechnet wurde. Andernfalls wäre eine Verzerrung zu Gunsten von Bietern zu vermuten, die zum Beispiel auf Basis von in der Vergangenheit staatlich geförderten Fahrzeugen ein Angebot abgeben. Dies könnte einen Subventionsbedarf je Zugkm ermöglichen, der von keinem anderen Bieter mit ansonsten vergleichbarer Kostenstruktur erreichbar wäre. Mittels des Kriteriums KGfzg wurde darüber hinaus ermittelt, ob Gebote mit gebrauchten Fahrzeugen zugelassen waren und welches Maximalalter bei Betriebsbeginn zugelassen war.

Außerdem wurde versucht zu beurteilen, wie umfangreich die Vorgaben des Aufgabenträgers bezüglich der zu leistenden Qualität sind. Diese Vorgaben definieren gleichzeitig den Qualitätsspielraum des Betreibers. Die Erhebung erfolgte im Rahmen des Kriteriums KQusp. In einigen Verfahren wurde den Bietern die Möglichkeit zur Abgabe zusätzlicher, alternativer Angebote zum Hauptangebot eingeräumt. Diese Nebenangebote wurden als Kriterium KNeba erhoben. Ob und wie Angebote für einzelne Teillose abgegeben werden konnten, wurde mittels des Kriteriums KLosa untersucht. Die Streckenart (Neben- oder Hauptstrecke) wurde mit dem Kriterium KStra erhoben.

Weist die Ausschreibung sowohl Anteile von Haupt- als auch von Nebenstrecken auf, wurde auf Basis der Empfehlung der betreffenden Aufgabenträger eine Einordnung entsprechend dem Schwerpunkt der Ausschreibung vorgenommen. Die Gesamtnetzgröße in km wurde mit dem Kriterium KNges ermittelt und kaufmännisch gerundet.

Kapitel IV: Ergebnisse der Untersuchung

Nachdem in Abschnitt I die Rahmenbedingungen des deutschen SPNV-Marktes dargestellt wurden, widmete sich Abschnitt II der theoretischen Fundierung der ökonomischen Anreizmechanismen in der Vergabephase und während der Vertragslaufzeit. In Abschnitt III wurden die der empirischen Analyse zugrunde liegende Methodik erläutert und die Untersuchungskriterien auf Basis der in Abschnitt II beschriebenen Ansätze herausgearbeitet. Dieses Kapitel stellt nun die Ergebnisse der Untersuchung auf Basis der zuvor entwickelten Kriterien dar. Soweit sich aus den Daten zwischen den Indikatoren inhaltlich sinnvolle Zusammenhänge ergeben bzw. Strukturen erkennen lassen, werden diese mit dargestellt. Die Einordnung der Vergabeverfahren im Zeitablauf erfolgt anhand des Datums der Veröffentlichung im Amtsblatt der Europäischen Union.

1. Ausschreibungswettbewerb

Zur Beurteilung der Intensität des Ausschreibungswettbewerbs in den untersuchten Verfahren werden im Folgenden zunächst die Ergebnisse der relevanten Erfolgskriterien dargestellt. Anschließend werden die Markteintrittsbarrieren einer grundlegenden Analyse unterzogen, um zu ermitteln, welche Vergabebedingungen den Ausschreibungswettbewerb beeinflussen. Das Kapitel schließt mit einer Betrachtung des Ausschreibungsdesigns.

1.1 Optimale Auktion

Zur Beurteilung des Erfolgs einer Ausschreibung wurde oben zunächst eine Betrachtung anhand des vom Aufgabenträger erzielten Zuschussbedarfs bzw. Preis je Zugkm vorgeschlagen.[167] Die Ergebnisse einer Untersuchung der Preise zeigen, dass die als Bruttoverträge ausgeschriebenen Vergaben (bei denen von Seiten des Aufgabenträgers nur an den tatsächlichen Preis angenäherte Angaben gemacht wurden) einen Zuschussbedarf je Zugkm aufweisen, der ein Vielfaches der bei den übrigen, als Nettoverträge vergebenen Ausschreibungen erzielten Ergebnisses beträgt. Auch innerhalb der nicht als Bruttovertrag vergebenen Vergaben ist eine hohe Streuung zu beobachten. Die großen Unterschiede in den Preisen je Zugkm lassen sich mit einem großen Einfluss exogener, nicht von den Bietern zu verantwortender

---

[167] Anmerkung: Die Aufgabenträger erklärten sich nur in 13 Fällen bereit, die Preise inklusive Infrastrukturkosten zu nennen. Die Preise exklusive Infrastrukturkosten konnten lediglich für 10 Fälle ermittelt und betrachtet werden. Genaue Zahlen können aufgrund der ggü. den Aufgabenträgern erklärten Vertraulichkeit nicht präsentiert werden.

Einflussgrößen erklären. So erklärt sich die große Differenz des Preises zwischen den als Bruttovertrag vergebenen Ausschreibungen im Vergleich zu den als Netto-vertrag vergebenen Ausschreibungen mit dem bei letzteren von den Betreibern ein-kalkulierten Fahrgelderlösen. Darüber hinaus liegen wurden im Fall einer Aus-schreibung die Fahrzeuge vom Aufgabenträger im Rahmen eines Fahrzeugpools gestellt wurden. Weitere exogene Einflüsse können in der Gewährung von Subven-tionen zur Fahrzeugfinanzierung und in der Höhe der geforderten Mindestquote an Zugbegleitern bestehen. Es zeigt sich, dass der Zuschussbedarf je Zugkm einem großen Einfluss exogener Faktoren unterliegt und damit, wie in Kapitel III.2.1 ver-mutet, als Erfolgskriterium ungeeignet ist.[168] Die Untersuchung des Ausschrei-bungswettbewerbs konzentriert sich deshalb auf das Erfolgskriterium „Anzahl der Bieter".

Durchschnittlich geben in den betrachteten Verfahren 3,97 Bieter ein Angebot ab. Der Median liegt bei vier Bietern. In einem Verfahren wurde auf Basis der vom Aufgabenträger erstellten Verdingungsunterlagen kein Angebot abgegeben. Das erfolgreichste Verfahren weist acht Bieter auf. Damit ist bei deutschen Verfahren im Vergleich zu den von Preston et al. (2000, S. 104) untersuchten britischen Ver-fahren (vier bis acht Bieter je Ausschreibung) eine größere Bandbreite festzustel-len. Die Standardabweichung als absolutes Streuungsmaß beträgt auf Basis einer Varianz von 3,482 im Rahmen dieser Untersuchung 1,866. Die Häufigkeitsvertei-lung der Anzahl der Bieter zeigt Abbildung 11.

Abbildung 11: Häufigkeitsverteilung der Bieteranzahl

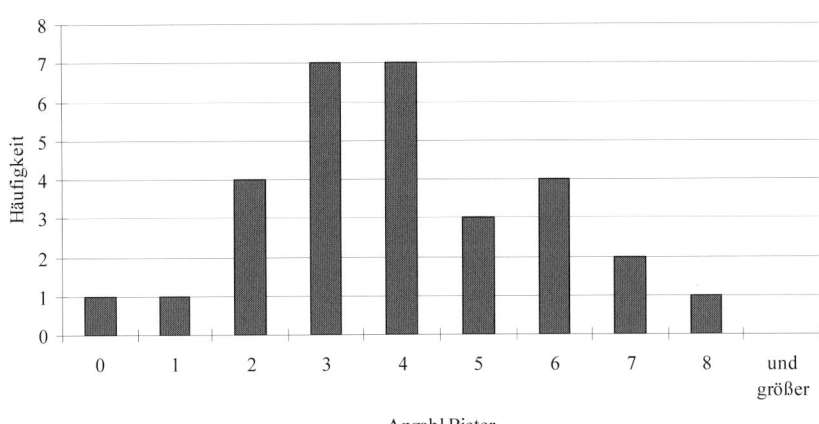

Quelle: Eigene Darstellung

---

[168] Vgl. Laeger (2004, S. 86 – 188), der einen umfassenden Überblick über die wesentlichen Einflussgrößen auf den Preis je Zugkm bei SPNV-Ausschreibungen gibt.

Im Zuge einer Untersuchung des Ausschreibungswettbewerbs stellt sich zunächst die Frage, ob im betrachteten SPNV-Markt ausreichend potenzielle Bieter aktiv sind, um Wettbewerb zu ermöglichen. Weist der deutsche SPNV-Markt eine hinlängliche Anzahl von Unternehmen auf, die sich für einen Markteintritt gemäß der in Kapitel II.2.4 erläuterten ersten Stufe entschieden haben?

Die Untersuchung der Vergabeverfahren zeigt, dass durchschnittlich 10,9 interessierte Bahnunternehmen die Verdingungsunterlagen einer Ausschreibung anforderten. Das Minimum lag bei vier, das Maximum bei 24 und der Median bei 9,5 Anfragern. Auf Basis einer Varianz von 26,575 ergibt sich eine Standardabweichung von 5,155 Anfragern.

Wie die Abbildung 18 auf Seite 137 im Anhang zeigt, reduziert sich bei einem Vergleich der Anzahl der Bieter mit der Anzahl der Anfrager die Summe der interessierten Unternehmen bis zum Tag der Angebotsabgabe um unterschiedliche Prozentsätze. Durchschnittlich ergibt sich eine Bieterreduktion um ca. 64 Prozent. Eine Erfolgsbeurteilung auf Basis der Bieterreduktion im Vergabeverfahren ist jedoch nicht möglich, da eine derartige Betrachtung den Umstand außer Betracht ließe, dass sich Bieter bereits vorab mittels allgemein zugänglicher Medien über ein auszuschreibendes Netz informieren. Die so gewonnenen Erkenntnisse bilden die Grundlage für eine erste Entscheidung für oder gegen die Beteiligung an der betreffenden Ausschreibung. Wie viele potenzielle Bieter tatsächlich aufgrund der Bedingungen von einer Angebotsabgabe abgehalten werden, ist somit nicht qualifiziert ermittelbar. Auch aus diesem Grund konzentriert sich die folgende Betrachtung auf die Anzahl der tatsächlich als Bieter aufgetretenen Unternehmen.

Die Ergebnisse hinsichtlich der Anzahl der Anfrager lassen darauf schließen, dass eine ausreichende Anzahl potenzieller Bieter im Markt vorhanden zu sein scheint, um einen deutlich höheren Ausschreibungswettbewerb zu ermöglichen als er derzeit beobachtet werden kann. Aus Sicht des Aufgabenträgers ist somit die Voraussetzung für ein dem optimalen Ausschreibungsergebnis stärker angenähertes Resultat mit einem geringeren Zuschussbedarf gegeben. Offenbar ist der SPNV-Markt insgesamt aus Sicht der Unternehmen attraktiv genug, um zumindest für die Rahmenbedingungen der jeweiligen Vergabe eines zeitlich befristeten Monopols Interesse zu zeigen. Es scheinen jedoch Vergabebedingungen zu existieren, die einzelne Anfrager von der Abgabe eines Angebotes abhalten. Diese Markteintrittsbarrieren sollen im Folgenden näher untersucht werden.

1.2 Markteintrittsbarrieren

1.2.1 Schätzung des Modells

Um die hergeleiteten Hypothesen bestätigen oder ablehnen zu können, wurde mittels des Datensatzes der betrachteten Ausschreibungen auf Basis des Modells

(15) $\qquad KBiet = Konstante + p \times KPrgl + e \times KErlr + u$

eine multiple Regression durchgeführt. Werden dabei KBiet als endogene Variable (Regressand) und KPrgl und KErlr als exogene Variablen (Regressoren) definiert, lässt sich folgende Schätzgleichung ermitteln:[169]

(16) $\qquad KBiet = 2,003 + 5,403 \times KPrgl - 1,996 \times KErlr$

Anzumerken bleibt, dass sowohl die endogene Variable als auch die exogenen Variablen ein metrisches Skalenniveau aufweisen. Damit ist die Forderung von Backhaus et al. (2003, S. 8), wonach bei Regressionen die beteiligten Variablen mit Ausnahme der Dummyvariablen metrisch skaliert sein müssen, erfüllt. Da die Vorzeichen den theoretischen Überlegungen entsprechen, ist darüber hinaus das Modell als plausibel einzustufen. Die oben getroffene Annahme, die durch die Untersuchungen von Preston et al. (2000, S. 111) gestützt wird, wonach die Bieter als risikoavers eingestuft werden müssen, könnte hiermit eine Bestätigung erfahren. Preston betont an gleicher Stelle außerdem, das die Risikoaversion der Bieter (über eine erhöhte Risikoprämie) den Subventionsbedarf erhöht.

Werden für eine vergleichende Betrachtung die Regressionskoeffizienten auf einen Wert zwischen null und eins standardisiert, so ergibt sich für KPrgl ein so genannter Beta-Koeffizient von 0,384 und für KErlr ein Beta-Koeffizient von – 0,518. Der Vergleich dieser von ihren ursprünglichen Dimensionen unabhängigen, standardisierten Regressionskoeffizienten zeigt, dass KErlr einen stärkeren Einfluss auf KBiet hat als KPrgl. Vorausgesetzt die exogenen Variablen korrelieren nicht miteinander, liefert KErlr damit entgegen einer zunächst möglichen Vermutung auf Basis der Schätzgleichung (16) den höchsten Erklärungsbeitrag in der Regressionsfunktion. Dieser beträgt ca. das 1,3-fache des Erklärungsbeitrages von KPrgl.[170]

1.2.2 Prüfung der Regressionsfunktion

Der Anteil der erklärten Streuung an der gesamten Streuung als Gütemaß der Anpassung der Regressionsfunktion an die beobachteten Daten beträgt mit einem Bestimmtheitsmaß von $R^2 = 0,523$ 52,3 Prozent. Wird das Bestimmtheitsmaß mit Hil-

---

[169] Diese und die folgenden Werte finden sich auch im Anhang ab Seite 139 f., der die Ergebnisse der Schätzung wiedergibt.

[170] Vgl. Backhaus et al. (2003, S. 61 f.) sowie Brosius (2002, S. 552 – 554) zu den standardisierten Regressionskoeffizienten.

fe der der Regression zu Grunde liegenden 27 Freiheitsgrade korrigiert, ergibt sich ein mittleres standardisiertes Bestimmtheitsmaß von 0,487.[171]

Die Überprüfung der Gültigkeit des in der Hypothese H angenommen kausalen Zusammenhangs zwischen der endogenen Variable *KBiet* und den exogenen Variablen *KPrgl* und *KErlr* für die Grundgesamtheit erfolgt mittels eines F-Tests.

Hierfür wird folgende Nullhypothese formuliert:

H0: *In der Grundgesamtheit besteht kein Zusammenhang zwischen den endogenen Variablen KPrgl und KErlr sowie der exogenen Variablen KBiet. Die Regressionskoeffizienten sind Null. Es gilt p = e = 0.*

Die Gegenhypothese lautet:[172]

H1: *In der Grundgesamtheit besteht ein Zusammenhang zwischen den endogenen und der exogenen Variablen.*

Der für diesen Hypothesentest empirisch ermittelte F-Wert beträgt 14,783. Auf Basis eines Signifikanzniveaus von 95 Prozent ergibt sich ein theoretischer F-Wert gemäß der F-Verteilung von 3,354. Damit kann die Nullhypothese verworfen werden. Wie die Schätzergebnisse im Anhang zeigen, ist von einer hohen Vertrauenswahrscheinlichkeit von über 99,9 Prozent auszugehen. Damit wird ein im Vergleich zur übrigen wirtschaftsempirischen Praxis, die in der Regel ein Signifikanzniveau von 95 Prozent fordert, hohes Signifikanzniveau erreicht.[173]

Der Standardfehler der Schätzung (bzw. der geschätzte Standardfehler des Störterms) als weiteres Gütemaß beträgt 1,336. Eine Prognose über die Anzahl der Bieter mit Hilfe der Schätzgleichung (16) wird damit im Mittel um 1,336 Bieter vom wahren Wert abweichen. Bezogen auf den Mittelwert des Regressanden von 3,97 beträgt der Standardfehler der Schätzung damit 34 Prozent, womit die Aussagekraft zur Stärke des Zusammenhangs nur leicht beeinträchtigt wird. Der wichtigste Koeffizient *KErlr* weicht aufgrund eines niedrigeren Standardfehlers im Mittel nur

---

[171] Vgl. Backhaus et al. (2003, S. 63 – 73) allgemein zur Prüfung sowie Auer (2003, S. 162 – 165 und S.206). Gujarati (1995, S. 211), kritisierte in diesem Zusammenhang die „Jagd" nach einem hohen R^2. Ein niedrigeres Bestimmtheitsmaß verschlechtere seiner Meinung nach nicht zwangsläufig die Schätzung. Vielmehr sei die Gesamtheit der Prüfkriterien in die Beurteilung einzubeziehen. Diese legen in dieser Untersuchung, wie noch gezeigt wird, insgesamt eine mehr als ausreichende Güte der Schätzung nahe.

[172] Vgl. Auer (2003, S. 113 – 117), der zur Vermeidung des Typ I-Fehlerrisikos (Risiko einer unberechtigten Ablehnung) die Formulierung des vermuteten Zusammenhangs in der Gegenhypothese empfiehlt.

[173] Vgl. Auer (2003, S. 115). Yvrande-Billon (2004, S. 184) akzeptierte sogar Signifikanzniveaus von bis zu 90 Prozent.

27 Prozent vom geschätzten Koeffizienten ab. Lediglich der Standardfehler der Konstante ist als hoch einzustufen.[174]

Im Folgenden wird anhand der Empfehlungen von Auer (2003, S. 241 – 481) und Backhaus et al. (2003, S. 77 – 93) überprüft, ob die Prämissen des Regressionsmodells verletzt sind oder ob die blue-Eigenschaft des Modells (best linear unbiased estimators) gewährleistet ist. So führte eine iterative Analyse (Aufnahme weiterer Variablen in die Schätzgleichung) nicht zu einer signifikanten Verbesserung der Regression. In Zusammenhang mit den in den vorangegangenen Kapiteln erarbeiteten Erkenntnissen kann deshalb die Vermutung geäußert werden, dass keine relevanten exogenen Variablen ausgelassen wurden. Wie die unten durchgeführten t-Tests zeigen, wurden ebenfalls keine irrelevanten exogenen Variablen aufgenommen. Damit existiert kein Hinweis auf eine fehlerhafte Auswahl der exogenen Variablen. Auch der F-Test bestätigt diese Vermutung. Der multiple Korrelationskoeffizient deutet mit einem Wert von 0,723 auf einen linearen Zusammenhang hin.[175] Auch konnten keine Hinweise auf Heteroskedastizität festgestellt werden. Die Annahmen zur Vollständigkeit des Modells hinsichtlich der berücksichtigten Variablen, der Annahme der Linearität in den Parametern und des Vorliegens von Homoskedastizität sind somit nicht verletzt.

Der Test auf Autokorrelation 1. Ordnung mittels des Durbin-Watson-Test ergab auf Basis einer Zeitreihenanalyse einen Wert von 1,909 und weist damit auf eine lediglich minimale positive Autokorrelation im Zeitablauf hin. Ein systematischer Zusammenhang zeitlich aufeinander folgender Fälle ist nicht festzustellen. Die Schätzer sind in dieser Hinsicht nicht verzerrt. Die Annahme der Unabhängigkeit der Störgrößen ist nicht verletzt.[176]

Bei einer Überprüfung der Multikollinearität anhand des Pearson-Korrelationsindex konnte mit einem Wert von – 2,71 eine geringe Korrelation festgestellt werden. Die Kollinearitätsdiagnose mittels des Toleranzmaßes weist einen hohen Wert von 0,927 auf, was ebenfalls auf eine sehr geringe Multikorrelation hindeutet. Das Kollinearitätsmaß des Konditionsindexes legt mit Werten zwischen 1 und 11,266 ebenfalls eine geringe Kollinearität nahe. Auch hinsichtlich der Varianzanteile lässt sich keine Kollinearität feststellen. Die Schätzer sind damit auch hinsichtlich der Kollinearität kaum verzerrt. Die Annahme der Unabhängigkeit der Variablen untereinander ist damit nicht verletzt.[177]

Einen Hinweis auf die Anpassungsgüte an die Normalverteilung gibt der in Abbildung 19 auf Seite 138 im Anhang dargestellte Normalverteilungsplot der Residuen. Die Häufigkeitsverteilung der standardisierten Residuen der kumulierten Normalverteilung weist darauf hin, dass die Anpassung der Daten an die Normal-

---

[174] Vgl. Gagnepain und Ivaldi (2002, S. 619), die maximale mittlere Abweichungen von bis zu 46 Prozent in ihrer Schätzung zulassen.

[175] Vgl. Hill et al. (2001, S.189 f.) zum multiplen Korrelationskoeffizienten.

[176] Vgl. Auer (2003, S. 385 – 393) zur Einordnung des Durbin-Watson-Tests.

[177] Vgl. Backhaus et al. (2003, S. 88 – 91) sowie Brosius (2002, S. 564 f.) für eine Einordnung der Regressionsergebnisse hinsichtlich der Kollinearität.

verteilung nicht gänzlich vollständig ist. Allerdings sind geringfügige Abweichungen, wie in den Daten beobachtet, nach Ansicht von Brosius (2002, S. 558) in der wirtschaftsempirischen Praxis durchaus zu tolerieren.

1.2.3   Prüfung der Hypothese zum Kostenrisiko

Wird der Koeffizient von *KPrgl* einem zweiseitigen ungerichteten Test auf Überprüfung der Nullhypothese unterzogen, so lautet diese:

$H0^P$:   *In der Grundgesamtheit besteht kein linearer Zusammenhang zwischen den Variablen KPrgl und KBiet.*

mit *p = 0.*

Die Gegenhypothese lautet:

$H1^P$:   *In der Grundgesamtheit besteht ein linearer Zusammenhang zwischen den Variablen KPrgl und KBiet.*

mit *p ≠ 0.*

Die Nullhypothese für *KPrgl* kann auf Basis eines Signifikanzniveaus von 99,5 Prozent bei einem empirischen t-Wert von 2,777 zurückgewiesen werden.[178] Mit einer Wahrscheinlichkeit von 99,5 Prozent besteht auch in der Grundgesamtheit ein linearer Zusammenhang zwischen der Höhe des Anteils des Aufgabenträgers am Preissteigerungsrisiko für die oben genannten Kostenblöcke und der Anzahl der Bieter. Dieser Zusammenhang kann als hoch signifikant eingestuft werden.[179]

Bei einem einseitigen Test wird im Folgenden überprüft, ob der im Rahmen der Hypothese H^P prognostizierte gerichtete Zusammenhang tatsächlich besteht. Die Hypothese H^P besagt, dass eine stärkere Übernahme des Preissteigerungsrisikos durch den Aufgabenträger die Anzahl der Bieter in einer Ausschreibung tendenziell erhöht. Im Rahmen eines rechtsseitigen Hypothesentests, der mittels einer Punkthypothese durchgeführt wird, sei *p* der angenommene Koeffizient der Variable *KPrgl*. Die Nullhypothese sei:

$H0^P$:   *p < 2*

Die Gegenhypothese lautet:

$H1^P$:   *p > 2*

---

[178]   Vgl. Auer (2003, S. 549), der als theoretischen t-Wert bei 27 Freiheitsgraden und einer Irrtumswahrscheinlichkeit von 0,5 Prozent 2,7707 angibt.

[179]   Anmerkung: Aufgrund des aus Sicht von Brosius (2002, S. 538) (ausreichend) großen Stichprobenumfangs von 30 ist alternativ zur t-Verteilung die Verwendung der Standardnormalverteilung möglich, worauf hier jedoch verzichtet wurde.

Der empirische t-Wert ergibt sich mit 1,7496 und übersteigt damit den theoretischen t-Wert von 1,7033.[180] Die Nullhypothese kann auf Basis eines Signifikantniveaus von 95 Prozent verworfen werden. Mit einer Wahrscheinlichkeit von 95 Prozent ist der Koeffizient p positiv und gleichzeitig größer als zwei.

Ein weiterer Hypothesentest bestätigt den positiven Zusammenhang auf Basis eines Signifikanzniveaus von 99 Prozent für einen Koeffizienten p, der größer als 0,5 ist ($p > 0,5$). Es ergibt sich in diesem Falle ein empirischer t-Wert von 2,5208, so dass die Nullhypothese bei einer Irrtumswahrscheinlichkeit von einem Prozent verworfen werden kann. Die Übernahme des Preissteigerungsrisikos der oben betrachteten Kostenblöcke hat mit einer Wahrscheinlichkeit von 99 Prozent einen positiven Einfluss auf die Anzahl der Bieter, der größer als 0,5 ist.

Der rechtsseitige Test bestätigt damit die Hypothese H^P und weist ihr darüber hinaus mit einer Wahrscheinlichkeit von 95 Prozent einen Koeffizienten von mindestens 2 und mit einer Wahrscheinlichkeit von 99 Prozent einen Koeffizienten von mindestens 0,5 zu. Der positive Zusammenhang zwischen der Übernahme des Kostenrisikos durch den Aufgabenträger und der Anzahl der Bieter ist damit als hoch signifikant einzustufen.

1.2.4   Fallbeispiele zum Kostenrisiko

Ein interessantes Fallbeispiel zur Wirkung des Kostenrisikos auf die Anzahl der Bieter stellt die Vergabe des Nordharz-Netzes dar, die Quandt (2003, S. 4 – 9) näher untersucht. Zusätzlich zur Übertragung eines Anteils von 95 Prozent des Erlösrisikos sehen die Verdingungsunterlagen die Übernahmen des gesamten Kostenrisikos durch den Betreiber inklusive des Infrastrukturkostenrisikos vor. Letzteres stellt aus der Sicht von Quandt für potenzielle Bieter bei einem Zeitraum von 15 Jahren (Zeitraum: Angebotsabgabe bis Betreiberwechsel) ein unkalkulierbares Risiko dar, das auch durch Wagniszuschläge nicht mehr einzugrenzen sei. NE-Bahnen könnten durch von diesen nicht beeinflussbare Infrastrukturkostenerhöhungen des Konkurrenten DB (über die Töchter DB Netz AG und DB Station & Service AG), die zum Beispiel mit dem Vorwand nötiger Ausbaumaßnahmen begründet werden, erpresst oder in den Konkurs getrieben werden. Gleichzeitig sei das Trassenpreissystem inklusive der Höhe einzelner Bestandteile bisher alle drei bis vier Jahre völlig geändert worden und damit unkalkulierbar.

Als weiteres Negativbeispiel wird die Erhöhung der Trassenpreise um 72 Prozent durch die DB Netz AG für das Netz im Raum Zittau angeführt, die direkt im Anschluss an die beiden im Jahr 2000 durchgeführten Vergaben bekannt gegeben wurde. Hier war zunächst ebenfalls eine Übernahme der Infrastrukturkosten durch den Betreiber vorgesehen, was den Verdacht einer bewussten Diskriminierung von Wettbewerbern durch die DB nahe legt.

---

[180] Vgl. Auer (2003, S. 549) für einen Überblick über die theoretischen t-Werte.

Vor dem Hintergrund der bisherigen Erfahrungen und des aus Sicht der NE-Bahnen hohen Risikos gelte deshalb für seriöse SPNV-Unternehmen laut Quandt (2003, S. 7) im Falle des Nordharz-Netzes „Stop, Angebot aus Gründen der Existenzerhaltung … nicht einreichen". Damit erfährt die Annahme der Nichterfüllung der Partizipationsbedingung aufgrund eines hohen Risikos als Erklärungsansatz für eine niedrige Anzahl von Bietern eine Bestätigung. Im Fall des Nordharz-Netzes konnte sich sogar kein Unternehmen auf Basis der in den Verdingungsunterlagen genannten Bedingungen zur Abgabe eines Angebotes entschließen.[181]

Nicht nur die bisherigen Erfahrungen, sondern ebenso das zukünftige Diskriminierungspotenzial, das sich aus der Vereinigung der Infrastrukturunternehmen der DB mit den im Betrieb tätigen Gesellschaften unter dem Dach der Holding DB ergibt, dürfte die Unsicherheit aus Sicht der NE-Bahnen erhöhen. Das dieses Diskriminierungspotenzial besteht und durch die DB ausgenutzt wird, stellte zum Beispiel Landgericht Frankfurt in seinem Urteil zum Preissystem der DB Energie AG am 15.12.2004 (Az. 3-08 O 72/04) fest. Demnach sei das Preissystem der DB Infrastrukturtochter DB Energie AG, zuständig für den Verkauf von Bahnstrom aus den Oberleitungen der Trassen, rechtswidrig und benachteilige de facto Konkurrenten der DB. Als marktbeherrschendes Unternehmen im Sinne des § 19 Abs. 2 Nr. 1 des Gesetzes gegen Wettbewerbsbeschränkungen (GWB) verstoße die DB Energie AG gegen das kartellrechtliche Diskriminierungsverbot aus § 20 Abs. 1 GWB.[182] Bartosch und Jaros (2005, S. 28) wiesen darüber hinaus im Bereich der Marktregulierung auf einen aus Sicht der beteiligten (DB-Konkurrenz-)Unternehmen beunruhigenden Rechtszustand hin, was zum damaligen Zeitpunkt zusätzliche Unsicherheit geschürt haben dürfte.

Auch hinsichtlich der Personalkosten besteht im Rahmen eines langfristigen Vertragsverhältnisses Unsicherheit. So konnte in Schweden im Zeitraum von 1994 bis 1999 eine Steigerung der Personalkosten im ÖPNV um 24 Prozent beobachtet werden, denen lediglich Steigerungen der zumeist an den Verbraucher-Preisindex angelehnten Abgeltungen der Verkehrsverträge gegenüber standen. Dieser Index stieg im gleichen Zeitraum lediglich um 3,9 Prozent.[183]

1.2.5 *Prüfung der Hypothese zum Fluch des Gewinners*

Die Untersuchung der verwendeten Vertragsarten ergab, dass insgesamt 60 Prozent der untersuchten Vergabeverfahren als Nettoanreizverträge und 40 Prozent als Bruttoanreizverträge ausgeschrieben wurden. Die Qualität der den Verdingungsunterlagen von Nettoanreizverträgen beigefügten Informationen über die Nachfrage

---

[181] Vgl. Vergabebekanntmachung zur Vergabe, Fundstelle: Supplement zum Amtsblatt der Europäischen Union des Amtes für Veröffentlichungen S 210 – 188884 S. 2 vom 31.10.2003.

[182] Gesetz gegen Wettbewerbsbeschränkungen in der Fassung der Bekanntmachung vom 15. Juli 2005 (BGBl. I S. 2114), zuletzt geändert durch Artikel 1a des Gesetzes vom 18. Dezember 2007 (BGBl. I S. 2966).

[183] Vgl. Palm (2001, S. 33).

ist dabei sehr unterschiedlich. So wiesen sechs Prozent der Fälle keine und 44 Prozent der Fälle nur eingeschränkt glaubwürdige Informationen des Altbetreibers auf. Immerhin 33 Prozent der Vergabeverfahren von Nettoanreizverträgen fügen zusätzliche Nachfrageinformationen des Aufgabenträgers bei. Nur in 17 Prozent der Fälle ist für den Betreiber eine Kalkulation auf Basis eines umfassenden Gutachtens möglich.

Anzumerken ist, dass umfassende Gutachten erst seit dem Jahre 2003 bei einigen Verfahren Verwendung finden. In einem Fall aus dem Jahre 1999, und damit aus den Anfangsjahren der Marktentwicklung, wurde ein Vergabeverfahren mit einem Nettovertrag in Kombination mit fehlenden Nachfrageinformationen beobachtet. Damit ist bei Verfahren mit Nettoanreizverträgen aufgrund der mäßigen Qualität der Nachfrageinformationen aus Sicht der Bieter eine größere Unsicherheit über das tatsächliche Nachfragepotenzial festzustellen als wünschenswert wäre. Eine qualifizierte Aussage zum Zusammenhang zwischen der Güte der Nachfrageinformationen und der Bieterzahl bei Nettoanreizverträgen kann aufgrund der bisher geringen Fallzahl insbesondere hochwertiger Nachfrageinformationen noch nicht getroffen werden.

Um den Einfluss des Erlösrisikos auf die Anzahl der Bieter zu untersuchen, wird der Koeffizient von *KErlr* einem zweiseitigen Hypothesentest unterzogen.

Die Nullhypothese ergibt sich wie folgt:

$H0^E$: *In der Grundgesamtheit besteht kein linearer Zusammenhang zwischen den Variablen KErlr und KBiet.*

mit *e = 0.*

Die Gegenhypothese lautet:

$H1^E$: *In der Grundgesamtheit besteht ein linearer Zusammenhang zwischen den Variablen KErlr und KBiet.*

mit *e ≠ 0.*

Aufgrund eines empirischen t-Wertes von –3,748 kann die Nullhypothese, wonach kein linearer Zusammenhang zwischen dem Erlösrisiko für den Betreiber und der Anzahl der Bieter besteht, auf Basis eines Signifikanzniveaus von 99,9 Prozent zurückgewiesen werden. Mit einer Irrtumswahrscheinlichkeit von 0,1 Prozent besteht auch in der Grundgesamtheit ein linearer Zusammenhang zwischen dem in den Verdingungsunterlagen festgelegten Erlösrisiko für den Betreiber und der Anzahl der Bieter. Der Zusammenhang ist damit hoch signifikant.

Bei einem einseitigen Test wird im Folgenden überprüft, ob der im Rahmen der Hypothese H^E prognostizierte, gerichtete Zusammenhang tatsächlich besteht. Die Hypothese H^E nimmt an, dass eine stärkere Übertragung des Erlösrisikos auf den Betreiber die Anzahl der Bieter in einer Ausschreibung tendenziell reduzieren würde. Im Rahmen eines linksseitigen Hypothesentests sei e der angenommene Koeffizient der Variable *KErlr*.

Die Nullhypothese sei

$H0^{E}$: $e > -3$

Die Gegenhypothese lautet

$H1^{E}$: $e < -3$

Es ergibt sich in diesem Falle ein empirischer t-Wert von 1,8929, so dass die Nullhypothese auf Basis eines Signifikanzniveaus von 99,5 Prozent verworfen werden kann. Die Übertragung des Erlösrisikos hat mit einer Wahrscheinlichkeit von 99,5 Prozent einen negativen Einfluss auf die Anzahl der Bieter, der stärker als –3 ist. Damit würde die Übertragung des gesamten Erlösrisikos die Anzahl der Bieter mit einer Wahrscheinlichkeit von 99,5 Prozent um mindestens drei Bieter reduzieren (im Vergleich zu einem Vertrag ohne Übertragung des Erlösrisikos). Der negative Zusammenhang zwischen der Übertragung des Erlösrisikos und der Anzahl der Bieter ist damit als hoch signifikant einzustufen.

1.2.6 Fallbeispiele zum Fluch des Gewinners

Die Schätzung bestätigt den vermuteten Zusammenhang, wonach die Übertragung des Erlösrisikos auf die Bieter deren Anzahl in einem Vergabeverfahren negativ beeinflusst. Es lässt sich vermuten, dass dies insbesondere mit der bis dato insgesamt als schlecht einzustufenden Qualität der Nachfrageinformationen begründet werden kann. Die Gefahr des „Fluch des Gewinners" wird offensichtlich von den Unternehmen antizipiert und in die Angebotsentscheidung mit einbezogen.

Ein Fallbeispiel zum winner's curse stellt die Insolvenz der Flex Verkehrs-AG dar.[184] Dieses Unternehmen übernahm am 15. Dezember 2002 nach nur kurzer Vorbereitungszeit im Anschluss an ein Initiativangebot (ohne Ausschreibung) die Verkehrsleistungen auf der Strecke Hamburg–Flensburg(–Padborg in Dänemark). Der zuvor von der DB durchgeführte Fernverkehr wurde auf dieser Strecke aufgrund fehlender Wirtschaftlichkeit eingestellt. Mit einem Zuschussbedarf von anfangs 3,27 Euro je Zugkm war das Angebot der Flex Verkehrs-AG erheblich günstiger als das Angebot der DB Regio AG, die anfangs 7,50 Euro je Zugkm verlangte (jeweils Preisstand 2002, Leistungsvolumen: ca. 1 Mio. Zugkm pro Jahr). Allerdings basierte die Kalkulation der Flex Verkehrs-AG für den zu Grunde liegenden Nettoanreizvertrag im Unterschied zum Altbetreiber auf Basis einer als schlecht einzustufenden Informationsqualität mit einem hohen Unsicherheitsgrad. „Daten

---

[184] Vgl. Wewers (2004, S. 48 f.) sowie Engel (2003, S. 5 – 12), die die Umstände näher erläutern.

über die Verkehrsnachfrage stellte die DB AG nicht zur Verfügung", wie Wewers (2004, S. 49) betont. Darüber hinaus unterlag die Tarifergiebigkeit einem hohen Unsicherheitsgrad, da mit dem 15. Dezember 2002 ein neues Preissystem im Fernverkehr (PEP-System der DB) und der Schleswig-Holstein-Tarif im SPNV eingeführt wurden, die durch den Betreiber übernommen werden mussten.[185]

Als weiteres Problem erwies sich, dass 90 Prozent der der Flex Verkehrs-AG zustehenden Einnahmen an Verkaufsstellen der DB AG (Automaten, Reisezentrum) erzielt wurden, obwohl das Unternehmen ursprünglich plante über den Verkauf im Zug 50 Prozent der Einnahmen direkt zu erzielen. Nach einem Dissens mit der DB über die Flex Verkehrs-AG im Rahmen der Einnahmeaufteilung zustehenden Fahrgelderlöse veranlasste die Flex Verkehrs-AG im Mai 2003 eine Vollerhebung der Verkehrsnachfrage. Obwohl eine Nachfragesteigerung von 25 Prozent festgestellt wurde, musste die Flex Verkehrs-AG am 12. August 2003 einen Antrag auf Insolvenz stellen. Als Gründe nennt Wewers (2004, S. 49) insbesondere die Annahme einer zu hohen Tarifergiebigkeit, zu knapp kalkulierte Wagniskosten und fehlende Informationen über Nachfrage und Tarifergiebigkeit. Zusätzlich führten die ungelösten Einnahmeansprüche zu Liquiditätsproblemen.

Der Wettbewerbsbericht der DB AG vermutet unrealistische Erwartungen bei den Fahrgelderlösen neben dem Fall der Flex Verkehrs-AG ebenfalls im Rahmen der Ausschreibung Hamburg–Westerland (Marschbahn).[186] Diese Ausschreibung wurde ebenfalls als Nettoanreizvertrag vergeben. Der Gewinner der Ausschreibung, die Veolia-Tochter Nord-Ostsee-Bahn, hatte das Angebot mit 30 Prozent höheren Fahrgeld- und sonstigen Erlösen kalkuliert als ihre Mitbewerber.[187] Das Angebot der DB Regio AG wies dabei eine nahezu identische Kostenstruktur auf. Damit erfahren die unter Kapitel III.2.2.2 getroffenen Annahmen, wonach die ansonsten symmetrischen Bieter sich lediglich in ihrer Risikoeinstellung unterscheiden, eine gewisse Bestätigung.

Eine problematische Kalkulation der Fahrgelderlöse zeigte sich auch bei der Ausschreibung der Schwarzwaldbahn, die in diesem Falle mit der Schwierigkeit der Einnahmeaufteilung begründet wird und eine seriöse Kalkulation „für Newcomer geradezu unmöglich" machte, wie Frasch (2003, S. 67) betont.[188] Laut Schmidt et al. (2004, S. 29) stellen Ausschreibungen im SPNV, bei denen das Erlösrisiko beim Unternehmen liegt, aufgrund der intransparenten Regeln der Einnahmeaufteilung ein „unzumutbares Wagnis" in der Kalkulation dar. Als Lösung präsentieren die Autoren ein relationsscharfes Einnahmeaufteilungsverfahren, das diese Problematik beseitigen und eine Aufteilung entsprechend der tatsächlichen Nachfrage erlauben soll. Hierbei werden auf Basis der beim Verkauf von Einzelfahrkarten ermittelten Daten und über verkehrswissenschaftliche Modelle die Einnahmen di-

---

[185] Dies bestätigte Herr Michelmann, ehemals Vorstand der Flex Verkehrs-AG.

[186] Vgl. hierzu Deutsche Bahn AG (2004c, S. 11).

[187] Vgl. auch Holzhey et al. (2004, S. 20), die auf eine Subventionsreduzierung von 44 Prozent hinweisen.

rekt an die Betreiber verteilt, ohne sich lediglich auf pauschalisierte, einmal getroffene Annahmen zu stützen, deren Grundlage ungenau erhobene Daten waren. Das System der relationsscharfen Einnahmeaufteilung könnte darüber hinaus für zukünftige Verfahren ausreichende und neutral generierte Informationen über das Fahrgelderlöspotenzial bereitstellen, wie die Autoren zeigen.

Ein internationales Beispiel stellt die wettbewerbliche Vergabe für Verkehrsdienstleistungen im australischen Melbourne (3,4 Mio. Einwohner) dar, wo der Betrieb des gesamten schienengebundenen Nahverkehrs (Straßenbahn, S-Bahn und Regionalbahn) 1998/99 in insgesamt fünf Franchises in einem Verfahren ausgeschrieben wurde.[189] Für dieses vergleichsweise große Verfahren präqualifizierten sich insgesamt 10 Konsortien. Gewinner waren schließlich ein Konsortium um den Betreiber National Express (drei Franchises), ein Konsortium um den Betreiber Transdev und ein Konsortium um den Betreiber Veolia (damals Connex). Alle drei Gewinnerkonsortien hatten mit einem massiven Anstieg der Fahrgelderlöse kalkuliert (National Express beispielsweise innerhalb von 15 Jahren mit einem Anstieg von 84 Prozent). Da die Fahrpreise weitgehend fixiert waren, wurde mit starken Fahrgaststeigerungen und insbesondere mit einer massiven Reduzierung der vergleichsweise hohen Schwarzfahrerquote gerechnet. Besonders hervorzuheben ist, dass, unrealistischerweise, der Großteil dieser Steigerungen in den ersten Jahren der Vertragslaufzeit von den Bietern eingeplant wurde.

Aufgrund der viel zu optimistischen Erwartungen hinsichtlich der Fahrgelderlöse, die auch mit Problemen der einheitlich zu verwendenden Fahrkartendrucker einhergingen, meldeten nach Beginn der Vertragslaufzeit alle Betreiber finanzielle Probleme. Im Februar 2002 sah sich die Regierung, im Anschluss an Nachverhandlungen, schließlich zu einer leichten Erhöhung der Subventionszahlungen gezwungen. Ziel war es den Fluch des Gewinners zumindest etwas zu begrenzen und Insolvenzen, verbunden mit einem Zusammenbruch des Betriebs, zu vermeiden. National Express entschied sich schließlich trotz dieser staatlichen Unterstützung im Dezember 2002 zu einer Rückgabe des Franchise. Damit verzichtete das Unternehmen auch auf die beim Staat hinterlegte Sicherheit in Höhe von ca. 135 AU$ (zum damaligen Zeitpunkt ca. 86. Mio. Euro).

1.2.7 Kapitalintensität

Wie vermutet konnte im Rahmen der Regression auf Basis einer iterativen Analyse für die Kapitalintensität kein eindeutiger Einfluss auf die Anzahl der Bieter nachgewiesen werden. Die Aufnahme der Kriterien KAfzg und KZges in die Schätzgleichung (15) bzw. (16) führte zu keinem wesentlich verbesserten Ergebnis. Die Koeffizienten waren nicht signifikant.

---

[188] Auch diese Ausschreibung wurde mit einem Nettoanreizvertrag vergeben.

[189] Vgl. zu diesem Fallbeispiel Kain (2006) sowie Boettger (2002).

Wie die Abbildung 20 auf Seite 141 im Anhang zeigt, wäre ein angenommener linearer Zusammenhang der transformierten Fahrzeuganzahl und der Bieterzahl mit einem Bestimmtheitsmaß von 0,0004 nicht aussagekräftig. Diese univariate Regression würde lediglich 0,04 Prozent der gesamten Streuung erklären. Die Trendkurve eines negativen quadratischen Zusammenhangs weist mit einem Bestimmtheitsmaß von 0,1146 lediglich einen leicht verbesserten Fit auf. Das Streudiagramm in der Abbildung 20 auf Seite 141 lässt vermuten, dass ab einer Größe von ca. 40 Zweiteiligen Triebwagen (der Wert von 80 in der Abbildung wurde transformiert) die Anzahl der Bieter tendenziell abnimmt. Für eine qualifizierte Aussage ist die Datenlage jedoch nicht ausreichend.

Im Zuge der iterativen Ergänzung der Schätzgleichung konnte eine starke Korrelation der ausgeschriebenen Leistungsvolumen je Zugkm mit der transformierten Anzahl der Fahrzeuge festgestellt werden. Eine Betrachtung auf Basis der Zugkm erlaubt zusätzlich einen genaueren Vergleich, da die Angaben im Gegensatz zu KAfzg nicht nur ein Indiz darstellen. Die lineare Trendkurve des Zusammenhangs zwischen Zugkm und der Anzahl der Bieter in Abbildung 21 auf Seite 141 zeigt einen schlechten Fit von 0,0072. Auch hier weist der negativ quadratische Zusammenhang nur ein minimal verbessertes Bestimmtheitsmaß von 0,0589 auf, was jedoch für eine Regression nicht hinreichend ist. Das im Anhang dargestellte Streudiagramm lässt vermuten, dass ab einem Leistungsvolumen von ca. drei bis vier Mio. Zugkm die Anzahl der Bieter tendenziell abnimmt. Für eine qualifizierte Aussage ist jedoch die Datenlage ebenfalls nicht ausreichend.

Würden sich die oben geäußerten Vermutungen bei späteren Untersuchungen bestätigen, so könnte sich bei einem Umfang von zum Beispiel 40 Triebwagen bzw. einem Leistungsvolumen von ca. 3,5 Mio. Zugkm eine Markteintrittsbarriere befinden. Ausgehend von diesen Vermutungen stellt die Kapitalintensität damit erst bei im Vergleich zum gesamten Datensatz relativ großen Ausschreibungen eine Markteintrittsbarriere dar. Für eine Überprüfung der in Kapitel II.2.4.2 geäußerten Einschätzung, wonach die Auftragsgröße eine Markteintrittsbarriere darstellen könnte, sind jedoch weitere Datenerhebungen insbesondere hinsichtlich großer Ausschreibungen notwendig. Diese wurden bislang allerdings nur vereinzelt durchgeführt. Die in Kapitel III.2.2.4 beschriebene Meinung von Laeger (2004, S. 125 – 127), wonach Ausschreibungen bis zu 3,5 Mio. Zugkm und bis zu 30 Triebwagen (die in der Regel zwei- und dreiteilig sind) aus Sicht der Bieter optimal sind, erfordert für eine Bestätigung (oder Ablehnung) weitere Untersuchungen.

Die Verteilung der Vertragslaufzeit im untersuchten Datensatz wird gezeigt in der Abbildung 12 unten gezeigt. Borrmann (2003a, S. 192 – 210) empfiehlt unter Berücksichtigung der Fixkostenaspekte, der Kosten des Ausschreibungsverfahrens, des Sanktionspotenzials für opportunistisches Verhalten (Reputationseffekt) und anderer Aspekte eine Laufzeit von 10 Jahren. Die im Rahmen der Untersuchung ermittelte durchschnittliche Vertragslaufzeit von 9,15 Jahre erfüllt diese Forderung damit nahezu. Gleichzeitig hat sich dieser Wert gegenüber einer früheren Untersuchung von Schnell (2001, S. 328) mit damals durchschnittlich 8,7 Jahren leicht er-höht. Die mit 13 Mal am häufigsten verwendete Vertragslaufzeit ist zehn Jahre. Diese entspricht auch dem Median. Die kürzeste im Datensatz enthaltene Laufzeit beträgt 2,75 Jahre, die längste zwölf Jahre. Damit schwanken die angebotenen Zeit-räume der Vertragsphase in einem Intervall von neun Jahren. Die Standardabwei-chung ergibt sich auf Basis einer Varianz von 5,326 mit 2,308 Jahren.

Abbildung 12: Gewählte Vertragslaufzeit

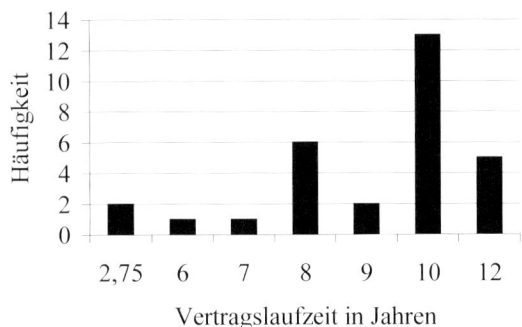

Quelle: Eigene Darstellung

Wie die Streuung in Abbildung 22 im Anhang auf Seite 142 zeigt, wäre ein ange-nommener linearer Zusammenhang zwischen der Vertragslaufzeit und der Anzahl der Bieter mit einem Bestimmtheitsmaß vom 0,0019 kaum aussagekräftig. Diese univariate Regression würde lediglich 0,19 Prozent der gesamten Streuung erklä-ren. Die Trendkurve eines negativen quadratischen Zusammenhangs weist mit ei-nem Bestimmtheitsmaß von 0,0135 lediglich einen minimal verbesserten Fit auf. Hier kann keine Aussage über einen Zusammenhang getroffen werden. Es lässt sich vermuten, dass die Vertragslaufzeit in den betrachteten Vergabeverfahren kei-nen messbaren Einfluss auf die Anzahl der Bieter hatte. Auch eine Erhöhung der Laufzeit um die im Falle einer Vertragsverlängerung zusätzlichen Jahre, die nur in 20 Prozent der Fälle als Option vorgesehen war, verändert dieses Ergebnis nicht. Die Ergebnisse der empirischen Untersuchung von Lux (2003, S. 12), wonach 28 befragte Unternehmen die Diskrepanz zwischen Vertragslaufzeit und Abschrei-bungszeit der Fahrzeuge überwiegend als Problem ansehen, können damit nicht bestätigt werden.

Obwohl bei den im Rahmen dieser Arbeit betrachteten Vergaben größere Leis-tungsvolumina tendenziell eher mit einer längeren Laufzeit ausgeschrieben wurden, wie die Abbildung 23 auf Seite 143 zeigt, lässt sich kein qualifizierter Zusammen-hang mit der Anzahl der Bieter ermitteln. Die Regression konnte hierdurch eben-falls nicht verbessert werden. Der von Schnell vermutete Zusammenhang lässt sich empirisch nicht bestätigen. Schnell (2001, S. 328 f.) vermutete insbesondere für kleinere Bieter Markteintrittsbarrieren, sollte die Vertragslaufzeit nicht positiv mit den ausgeschriebenen Leistungsvolumina in Zugkm korrelieren. Er stellte im Rahmen seiner empirischen Untersuchung eine fehlende Korrelation fest.

Alle Verfahren, in denen Verlängerungsoptionen zu beobachten sind, können mit einem Leistungsvolumen zwischen 1,6 Millionen bis zu 5,5 Millionen Zugkilometern im Verhältnis zur gesamten Stichprobe als mittlere bis große Ausschreibungen eingestuft werden. Dies lässt zumindest die Absicht der Risikominderung des Kapitaleinsatzes vermuten. Anzumerken ist, dass Vergabeverfahren mit einer Verlängerungsoption gleichzeitig als Nettoverträge ausgeschrieben worden sind. Offensichtlich versuchen die Aufgabenträger in diesen Fällen über eine Reduzierung des Weiterverwendungsrisikos im Ausgleich zum Erlösrisiko das Gesamtrisiko wieder etwas zu senken.

Die Aufnahme einer Regelung zum Eigentumstransfer der Fahrzeuge bei einem Betreiberwechsel auf den nächsten Betreiber scheint keinen Einfluss auf die Anzahl der Bieter zu haben. 60 Prozent der Vergabeverfahren verzichteten auf eine solche Regelung. Die Anzahl der Bieter war bei diesen Verfahren im Mittel 3,9. 40 Prozent der Vergabeverfahren sahen eine Regelung zum Eigentumstransfer der Fahrzeuge vor. Hier beteiligten sich im Durchschnitt 4 Bieter. Damit kann die These von Lehmann (1999, S. 201 – 204), wonach fehlende Transferregeln eine Markteintrittsbarriere darstellen, nicht bestätigt werden.

Auch das Instrument der Investitionsförderung hat keinen positiven Einfluss auf den Ausschreibungswettbewerb. Im Gegenteil: Zwar sehen 43 Prozent der Ausschreibungen eine Förderungsmöglichkeit der Fahrzeuge und zehn Prozent eine Förderungsmöglichkeit für Fahrzeuge und Werkstätten vor. Die durchschnittliche Anzahl der Bieter in diesen Vergabeverfahren beträgt jedoch nur 3,6 im Vergleich zu durchschnittlich 4,4 Bietern bei den restlichen 47 Prozent der Vergabeverfahren, die keine Investitionsförderung enthalten. Diese überraschende Diskrepanz könnte mit einer primär vom jeweiligen Bundesland und damit regional bestimmten Förderpolitik begründet werden, die für ortsansässige Bieter leichter durchschaubar sein dürfte als für Externe.

Die Bereitstellung der Fahrzeuge im Rahmen eines (öffentlichen) Fahrzeugpools, die nur in zehn Prozent der Vergabeverfahren beobachtet wurde, hatte keinen positiven Einfluss auf den Ausschreibungswettbewerb. Damit kann die These von Lux (2003, S. 10), wonach ein solcher Pool die Bieteranzahl tendenziell erhöht, nicht bestätigt werden. Eine Verwendung dieses Instruments bei Spezialfahrzeugen wurde nicht beobachtet. Aus den Ergebnissen lässt sich schließen, dass Vertragsinstrumente zur Übernahme des gesamten oder eines Teils des Weiterverwendungsrisikos der Fahrzeuge keinen entscheidenden Einfluss auf den Ausschreibungswettbewerb haben.[190] Die Vermutung, die Förderung insbesondere

---

[190] Da die Regression durch diese Kriterien nicht verbessert werden konnte, wurde auf eine Aufnahme in die Schätzgleichung verzichtet.

großer Ausschreibungen habe einen positiven Einfluss auf die Anzahl der Bieter, lässt sich aus den gewonnenen Daten nicht bestätigen. Gleiches gilt für die Instrumente Fahrzeugpool und Transferregulierung bei großen Ausschreibungen.

Laut Aussage eines Gesprächspartners von Seiten der Betreiber wird die Fahrzeugfinanzierung oft über Leasingverträge zum Beispiel durch die Firmen Angel Trains Europa GmbH und Siemens Dispolok GmbH sichergestellt. Auch ohne Leasingverträge sieht er allerdings in der Regel kein untragbares Weiterverwendungsrisiko. Vgl. auch Lux (2003, S. 9 – 12), der auf die Existenz von Leasingfirmen und den sich derzeit entwickelnden Sekundärmarkt verweist. Diese Aussagen bestätigen den im Rahmen dieser Untersuchung festgestellten, fehlenden Einfluss der Kapitalintensität auf die Anzahl der Bieter.

1.3 Ausschreibungsdesign

1.3.1 Verfahrensarten

Bei einer Untersuchung des Ausschreibungsdesigns hinsichtlich der gewählten Vergabeverfahren ist festzustellen, dass in 57 Prozent der Ausschreibungen von Seiten der Aufgabenträger das Offene Verfahren gewählt wurde. Das Nicht Offene Verfahren mit Teilnahmewettbewerb fand in 13 Prozent der Ausschreibungen Verwendung. Das Verhandlungsverfahren mit bzw. ohne Teilnahmewettbewerb konnte in 23 bzw. sieben Prozent der Fälle beobachtet werden.

In der Anfangsphase der Marktentwicklung bis zum Jahre 2000 wurden insbesondere das Nicht Offene und das Verhandlungsverfahren verwendet, wobei zumeist vorab ein Teilnahmewettbewerb durchgeführt wurde. Das Offene Verfahren konnte in den untersuchten Vergabeverfahren erst ab dem Jahr 2000 beobachtet werden. Ausgehend von einem im Offenen Verfahren verstärkten Wettbewerbsdruck hat sich dieser damit im Zeitablauf erhöht. Schnell (2001, S. 331) bestätigt die Vermutung eines im Offenen Verfahren erhöhten Wettbewerbsdrucks indirekt im Rahmen seiner Untersuchungen. Er stellte fest, dass die mit einer (unbeschränkten) Veröffentlichung einhergehende höhere Anzahl potenzieller Bieter zu einem steigenden Wettbewerbsdruck und damit zu einem erhöhten Kostendruck führt. Die unbeschränkte Veröffentlichung ist lediglich im Rahmen des Offenen Verfahrens vorgeschrieben.

1.3.2 Kollusive Absprachen

Wie bereits erläutert, besteht im SPNV-Markt grundsätzlich die Gefahr der Bildung von Bieterkartellen. Als Gegenmaßnahme wird eine Regulierung der Vergabe von Unteraufträgen empfohlen, um die Aufteilung des Kartellgewinns zu erschweren.

In den untersuchten Verdingungsunterlagen ist die Erteilung von Subunternehmeraufträgen in 83 Prozent der Fälle nur bei Nennung des Subunternehmers im Angebot und/oder nach Genehmigung durch den Aufgabenträger möglich. Die Aufgabenträger schränken damit die Möglichkeit der Verteilung von Kartellgewinnen durch Unteraufträge in den meisten Vergabeverfahren stark ein. Nur in 17 Prozent der Fälle ist die Erteilung von Unteraufträgen in den Verdingungsunterlagen nicht geregelt und damit aus Sicht des Betreibers problemlos. In diesen Fällen ist ein Einschreiten des Aufgabenträgers bei Erteilung von Unteraufträgen an ehemalige Konkurrenten der Vergabephase nur noch schwer möglich. Ein Kartellgewinn ließe sich relativ leicht aufteilen. Ein absolutes Verbot von Unteraufträgen konnte in keiner der untersuchten Vergaben beobachtet werden.

1.4   Zwischenfazit

Die Untersuchung des Ausschreibungswettbewerbs zeigt, dass in den betrachteten Vergabeverfahren grundsätzlich ein ausreichendes Potenzial für einen erhöhten Ausschreibungswettbewerb gegeben ist. Durchschnittlich zeigen knapp elf potenzielle Bieter Interesse an einem Vergabeverfahren. Allerdings sinkt diese Anzahl im Laufe der Vergabephase auf einen Wert von durchschnittlich vier Bietern, die sich für die Abgabe eines Angebotes entscheiden.

Als wesentlicher Einflussfaktor auf die Anzahl der Bieter konnte die Höhe des vertragsimmanenten Risikos identifiziert werden. Die empirische Untersuchung ergab einen signifikanten linearen Zusammenhang zwischen der Übertragung des Erlösrisikos sowie des Preissteigerungsrisikos wesentlicher Betriebskosten auf den Betreiber und der Anzahl der Bieter. Je niedriger die Übernahme des Preissteigerungsrisikos wesentlicher Betriebskosten durch den Aufgabenträger ist, desto niedriger ist die Anzahl der Bieter in einem Vergabeverfahren. Je höher die in den Verdingungsunterlagen vorgesehene Übertragung des Erlösrisikos auf den Betreiber ist, desto geringer ist die Anzahl der Bieter in einem Vergabeverfahren. Die Übertragung des Erlösrisikos hat dabei im Rahmen einer standardisierten Betrachtung im Vergleich zur Übernahme des Preissteigerungsrisikos von Betriebskosten durch den Aufgabenträger den höchsten Einfluss auf die Anzahl der Bieter. Gleichzeitig ist festzustellen, dass im Falle von Nettoanreizverträgen die Verdingungsunterlagen aufgrund der mäßigen Qualität der beigefügten Nachfrageinformationen ein höheres Risikopotenzial beinhalten, als wünschenswert wäre. Inwieweit eine Verbesserung der Nachfrageinformationen zu einer Risikominimierung beitragen könnte, lässt sich aufgrund der Datenlage allerdings noch nicht ermitteln.

Offensichtlich keinen Einfluss auf die Anzahl der Bieter hat das Investitionsvolumen bzw. das Weiterverwendungsrisiko der wesentlichen Investitionsgüter. So konnte sowohl für die Anzahl der Fahrzeuge als auch für die Vertragslaufzeit kein Zusammenhang mit dem Grad des Ausschreibungswettbewerbs festgestellt werden. Dieser könnte sich eher aus dem Grad der Fahrzeugspezifität und damit der Möglichkeit zum Einsatz an einem anderen Orte ergeben, der nicht untersucht werden konnte. Vertragsinstrumente zur Übernahme des gesamten oder eines Teils des Weiterverwendungsrisikos durch den Aufgabenträger haben ebenfalls keinen Einfluss auf die Anzahl der Bieter. Für die Höhe der Kapitalintensität konnte damit noch kein signifikanter Einfluss auf den Grad des Ausschreibungswettbewerbs festgestellt werden. Da jedoch bisher die Anzahl großer, kapitalintensiver Vergabeverfahren gering ist, bedarf es hier weiterer Untersuchungen. Eine endgültige Aussage ist zum jetzigen Zeitpunkt noch nicht möglich.

Hinsichtlich des Ausschreibungsdesigns ist festzustellen, dass in der Mehrzahl der Vergaben das Offene Verfahren zur Anwendung kommt, womit die Aufgabenträger sich zumeist für die Wahl eines Verfahrens mit einem hohen Wettbewerbsdruck entscheiden. Wie die Untersuchungen in Bezug auf die Verhinderung von Bieterkartellen ergaben, sind sich die meisten Aufgabenträger dieser Problematik offensichtlich bewusst. Die überwiegende Mehrheit der Vergabeverfahren erschwert die Verteilung der Kartellgewinne.

2.   Informationsasymmetrie und Anreizmechanismen

Im Verlauf der Untersuchung der Vergabeverfahren hinsichtlich des zweiten Primärzieles, der Reduzierung der Informationsasymmetrie und ihrer Auswirkungen während der Vertragslaufzeit, wird im Folgenden der Erfüllungsgrad der in Kapitel II.3 und III.3 entwickelten Empfehlungen überprüft. In Anlehnung an die Gliederung der Übersicht in Tabelle 3 auf S. 68 wird im folgenden, ersten Unterabschnitt zunächst die Anwendung der Hinweise zur Verhinderung der adversen Selektion (Aufdeckung der hidden characteristics) betrachtet. Anschließend werden die Vergabeverfahren daraufhin analysiert, inwieweit die Empfehlungen zur Vermeidung eines opportunistischen Verhaltens (hidden action) während der Vertragslaufzeit beachtet werden. Das Kapitel schließt mit einer Untersuchung der hidden intentions.

2.1   Hidden characteristics

2.1.1   Screening

Die ökonomische Theorie empfiehlt zur Verhinderung der adversen Selektion ein screening. Wie die Ergebnisse zeigen, scheint die Nutzung dieser Möglichkeit zur Überprüfung der Leistungsfähigkeit eines Bieters über die Abforderung von Qualitätszertifikaten bei den deutschen Aufgabenträgern noch nicht sehr ausgeprägt zu sein. Jeweils 6,5 Prozent der untersuchten Vergabeverfahren enthielten in den Verdingungsunterlagen explizit einen Hinweis, dass die Zertifikate DIN ISO 9000 ff. bzw. DIN EN 13816 in der Bewertung der Gebote positiv berücksichtigt würden. Dieser Hinweis war jedoch unverbindlich und allgemein gehalten. Andere Zertifikate wurden nicht benannt. Eine zwingende Mindestbedingung stellten derartige Nachweise über die Leistungsfähigkeit eines Unternehmens in keinem Vergabeverfahren dar.

87 Prozent der betrachteten Vergabeverfahren begnügten sich mit den üblichen Mindestbedingungen zur Leistungsfähigkeit. Diese Mindestbedingungen fordern von den Bietern dabei insbesondere Nachweise zur Erfüllung gesetzlicher Vorgaben, die sich aus dem Vergabe- und dem Eisenbahnrecht ergeben. Fehlende Nach-

weise können im Rahmen der Eignungsprüfung durch den Aufgabenträger (Teilnahmewettbewerb) zu einem Ausschluss aus dem Vergabeverfahren führen.

Die Mindestbedingungen sehen zum Beispiel vor, dass mittels einer Unbedenklichkeitsbescheinigung nachzuweisen ist, dass über das Vermögen des Bieters kein Insolvenzverfahren eröffnet wurde bzw. dass sich das Unternehmen nicht in der Liquidation befindet. Weitere Auskünfte zur finanziellen Leistungsfähigkeit werden in Form von Jahresabschlüssen und ggf. Bankauskünften verlangt. Weiterhin muss der Unternehmer seine Zuverlässigkeit und seine technische Leistungsfähigkeit hinsichtlich der Betriebsführung nachweisen.

Die Angabe der bisherigen Erfahrungswerte mit dem SPNV-Betrieb wurde in 77 Prozent der Vergabeverfahren abgefordert. In diesem Bereich ist offensichtlich – anders als im Fall der Abforderung von Zertifikaten zur Überprüfung der Leistungsqualität - ein intensiveres screening zu beobachten. Die Aufgabenträger erhalten durch die Angabe der bisher betriebenen Strecken die Möglichkeit, über entsprechende Recherchen die Qualität der Leistungserbringung des Bieters in der Vergangenheit zu überprüfen und in die Gebotsbewertung einfließen zu lassen. Damit spielt die Reputation eines Betreibers bereits vor Beginn der Vertragslaufzeit eine wichtige Rolle. Nur 23 Prozent der Vergabeverfahren verzichten auf die Angabe bisheriger Erfahrungswerte.

2.1.2 Self selection

Die Methode des self selection stellt für den Prinzipal eine weitere Möglichkeit der Informationsbeschaffung dar. Hierbei offeriert der Prinzipal dem Agenten ein Menü verschiedener Verträge, aus denen sich der Agent den für ihn gewinn- bzw. nutzenmaximalen auswählt. Durch seine Wahl offenbart er seine Leistungsfähigkeit wahrheitsgemäß, vorausgesetzt die Verträge lassen sich aufgrund der Konstruktion ihrer Bedingungen hinreichend unterscheiden und erlauben einen eindeutigen Rückschluss.

Die Untersuchung der Vergabeverfahren ergab, dass eine Reihung der Bieter über einen Auktionsmechanismus stets Verwendung findet. Die Bieter müssen hierbei ihre Leistungsfähigkeit hinsichtlich eines minimalen Zuschussbedarfs mit der Abgabe des Angebotes offenbaren. Zwei Vergabeverfahren weisen darüber hinaus einen self selection-Mechanismus bei der Wahl der Bonus-Malus-Kategorie auf. Bei diesen beiden Ausschreibungen werden die Bieter aufgefordert, eine von drei möglichen Bonus-Malus-Kategorien bei der Abgabe ihres Gebotes auszuwählen. Die drei Kategorien weisen gestaffelte Bonus-Malus-Zahlungen mit gestaffelten Höchstgrenzen der Gesamtzahlungen pro Jahr auf:

– Kategorie A: Niedrige Bonus-Malus-Zahlungen und niedrige Höchstgrenze
– Kategorie B: Mittlere Bonus-Malus-Zahlungen und mittlere Höchstgrenze
– Kategorie C: Hohe Bonus-Malus-Zahlungen und hohe Höchstgrenze

Die Wahl der Bonus-Malus Kategorie wird bei der Angebotsbewertung durch den Aufgabenträger berücksichtigt.

Gemäß der Theorie des self selection-Mechanismus werden Bieter diejenige Kategorie von Bonus-Malus-Zahlungen wählen, die ihrer Leistungsfähigkeit am nächsten kommt. So werden sich Bieter mit einer hohen Leistungsfähigkeit hinsichtlich der mit Bonus-Malus-Zahlungen belegten Qualitätskriterien tendenziell eher für Kategorie C entscheiden. Dieser Zusammenhang gilt ebenso für Bieter mit mittlerer und geringer Leistungsfähigkeit.[191] Da die gewählte Bonus-Malus-Kategorie auch eine Grundlage der Entscheidung über den Zuschlag darstellt, erreicht der Aufgabenträger mit dieser Methode eine Selbstreihung der Bieter hinsichtlich ihrer Leistungsfähigkeit in Verbindung mit einem an die Anreizkompatibilitätsbedingung angelehnten Zahlungsstrom. Allerdings konnte eine derartige Anwendung des self selection-Mechanismus mit einer Rückschlussmöglichkeit auf die Leistungsfähigkeit der Bieter aufgrund einer echten Wahlmöglichkeit aus einem Menü an Verträgen ausschließlich bei den Vergaben A12 und A18 in Form der oben beschriebenen Bonus-Malus-Systematik beobachtet werden

Als weitere Möglichkeit der Nutzung des self selection kann die Ausschreibung eines Netzes in Losgrößen angesehen werden. Ausgehend von einer nicht ausreichenden Informationslage des Aufgabenträgers sieht Borrmann (2003a, S. 192) in der Aufteilung des ausgeschriebenen Netzes in Lose eine gute Möglichkeit, um die Produktionskostenvorteile einzelner Bieter voll auszunutzen. Gleichzeitig können sie die Abgabe ihrer Angebote besser auf ihre Leistungsfähigkeit hin abstimmen. Von der Möglichkeit zur Aufteilung des ausgeschriebenen Netzes in Lose wurde allerdings kaum Gebrauch gemacht. 77 Prozent der Vergabeverfahren verzichteten auf diese Möglichkeit. 13 Prozent sahen zwar eine Losausschreibung vor, forderten jedoch von den Bietern Gebote für jedes Einzelnetz und ein Gesamtangebot. Lediglich 10 Prozent der Vergabeverfahren führten eine echte Losausschreibung durch und erlaubten Gebote für Einzellose.

Die Verwendung eines Ausschreibungsverfahrens – ebenso wie die selbstständige Einordnung der Bieter in eine Bonus-Malus-Kategorie und die Losausschreibung – lassen sich nicht nur als self selection sondern auch als screening-Mechanismus einordnen. Neben der Abforderung von Signalen (Mindestbedingungen, Zertifikate, Betriebserfahrungen) stellen die letzt genannten Methoden eine weitere Möglichkeit des Aufgabenträgers zur Überprüfung der Leistungsfähigkeit der Bieter vor Vertragsabschluss dar. Um die Gefahr der adversen Selektion zu reduzieren, konzentrieren sich die Aufgabenträger demnach insbesondere auf Methoden des

---

[191] Vorraussetzung ist allerdings, dass die Parameterspezifizierung der einzelnen Kategorien so gewählt wurde, dass eine hinreichende Unterscheidung möglich ist. Die Unterschiede zwischen den Kategorien dürfen dabei weder zu groß noch zu klein gewählt werden. Eine exakte Anpassung der Kategorien dürfte jedoch nur mit Hilfe einer umfangreichen Sensitivtätsanalyse realisierbar sein, womit das Hauptproblem der Anwendung des self-selection-Mechanismus aufgezeigt wird.

screening. Die Anwendung der Methode des self selection begrenzt sich derzeit insbesondere auf den Ausschreibungswettbewerb.

2.2   Hidden action

2.2.1   Anreizzahlungen

Wie bereits geschildert, stellen Anreizzahlungen eine Möglichkeit dar, die Auswirkungen der Informationsasymmetrie während der Laufzeit des Verkehrsvertrages zu reduzieren. Um dem Bieter die Kalkulation einer niedrigen Risikoprämie zu ermöglichen, sollte das Ergebnis jedoch von ihm hinreichend beeinflussbar sein. Dieser Zusammenhang stellt einen trade-off dar. Wie oben erläutert, könnte die teilweise Übernahme der Risiken durch den Aufgabenträger die durch das Risiko hervorgerufene Markteintrittsbarriere reduzieren, wenngleich hierdurch die positiven Wirkungen der Anreizzahlung abgeschwächt werden.[192]

In den untersuchten Vergabeverfahren konnten zwei Arten von Anreizzahlungen beobachtet werden: Die Übertragung des Erlösrisikos über die Wahl eines Nettovertrages sowie die Verwendung von Bonus-Malus-Regelungen. Wie oben bereits angeführt, entschieden sich die Aufgabenträger in 60 Prozent der untersuchten Vergabeverfahren für die Wahl von Nettoverträgen. Lediglich 40 Prozent der Ausschreibungen wiesen Bruttoverträge auf. Damit wird in der Mehrzahl der Fälle versucht, über die Übertragung des Erlösrisikos den Betreiber direkt mit den Auswirkungen eines veränderten Qualitätsniveaus zu konfrontieren.[193] Allerdings werden qualitätsmehrende Maßnahmen nur solange durch das Unternehmen ergriffen, wie die Grenzerlöse zumindest die Grenzkosten decken. Die im SPNV zu beobachtende geringe Nachfrageelastizität gibt den Unternehmen allerdings die Möglichkeit, sich zu Lasten der Qualität auf kostensenkende Maßnahmen zu konzentrieren.[194] Aufgrund der so genannten „Zwangskunden" ist das Kostensenkungspotenzial nach Meinung von Gorter et al. (2001, S. 16) im ÖPNV allgemein größer als das Erlöspotenzial.

Des Weiteren sieht sich der Betreiber mit dem Problem der Netzeffekte konfrontiert. Qualitätsreduzierungen eines anderen Betreibers können sich auf die Anzahl umsteigender Fahrgäste auswirken und somit seinen eigenen Fahrgelderlös schmälern. Borrmann (2003a, S. 167 – 172) ordnet diesen Effekt als Teamproblem zweier SPNV-Unternehmen ein. Eine hinreichende Beeinflussung des Ergebnisses durch den jeweiligen Betreiber bzw. eine hinreichende Konfrontation mit den Erfolgen und Misserfolgen seines Anstrengungsniveaus ist deshalb eine wichtige

---

[192] Vgl. Fees (2000, S. 588 – 600) für einen modelltheoretischen Lösungsansatz, der allerdings von einem bekannten Grad der Risikoaversion ausgeht.

[193] Vgl. Borrmann (2003a. S. 165 f.), der die Qualität als „erlösbestimmende Entscheidungsvariable" des Betreibers einordnet, was in gewissem Umfang opportunistisches Verhalten verhindert.

[194] Vgl. Borrmann (2003a, S. 18 – 21) für einen Überblick über die Ergebnisse empirischer Studien zu SPNV-Elastizitäten.

Vorraussetzung für den Erfolg von Nettoanreizverträgen. Die untersuchten Verdingungsunterlagen weisen hier noch keine hinreichende Lösung auf.

Es wird deutlich, dass eine anreizkompatible Vertragsgestaltung nicht auf die Wahl eines Nettovertrages beschränkt werden kann. Vielmehr müssen neben Mindeststandards der Qualität zusätzliche Anreizzahlungen den Zahlungsstrom des Aufgabenträgers an den Betreiber ergänzen, um eine echte Zielharmonisierung zu erreichen. Eine Lösungsmöglichkeit, die Anreizwirkungen zu verbessern, könnten Bonus-Malus-Zahlungen darstellen. Anreizzahlungen in Abhängigkeit von harten und weichen Qualitätskriterien können die Anreizwirkungen des Nettovertrages somit erhöhen. Dies könnte zum Beispiel eine Bonus-Malus-Regelung in Abhängigkeit der beförderten Fahrgäste beinhalten, wie dies bereits in den Verdingungsunterlagen einiger jüngerer Ausschreibungen zu beobachten ist. Als Maßstab ließe sich z. B. die Höhe der Personenkilometer verwenden. Fearnley et al. (2004, S. 33) verwendeten für den norwegischen Schienenverkehr die Anzahl der Passagiere.[195]

Entscheidet sich der Aufgabenträger für die Verwendung eines Bruttoanreizvertrages, so muss der finanzielle Umfang der Bonus-Malus-Zahlungen im Vergleich zu Nettoanreizverträgen erheblich gesteigert werden, um eine vergleichbare Anreizwirkung zu erreichen. Aufgrund des reduzierten Zuschussbedarfs bei einem Nettovertrag ergibt sich eine erhöhte finanzielle Abhängigkeit des Betreibers von der tatsächlich realisierten Nachfrage. Um eine vergleichbare Anreizwirkung bei Bruttoverträgen zu erzielen, müssten diese Ausschreibungen Bonus-Malus-Regelungen mit einem vergleichbaren leistungsabhängigen Finanzvolumen aufweisen. Dies ließ sich in den untersuchten Verdingungsunterlagen jedoch nicht nachweisen. Vielmehr sind die maximal möglichen Bonus- bzw. Malus-Zahlungen regelmäßig durch eine im Vergleich zum Gesamtumsatz auf der betriebenen Strecke relativ niedrige Jahresobergrenze beschränkt.[196] Ein hoher leistungsabhängiger Zahlungsstrom, wie er bei Fearnley et al. (2004, S. 33 f.) zu beobachten war, konnte nicht festgestellt werden. Darüber hinaus gewähren einige Brutto- wie Nettoanreizverträge zwar Bonuszahlungen in Abhängigkeit der zusätzlich gewonnenen Fahrgäste. Dieser Erfolg wird allerdings zumeist nur für ein bis zwei Jahre im Anschluss an das Jahr des Fahrgasterfolgs vergütet. In den Folgejahren bildet die erhöhte Fahrgastzahl die Basis für weitere Bonuszahlungen, was den Effekt insgesamt schmälert.

Borrmann (2003a, S. 176 – 178) plädiert in diesem Zusammenhang für hohe Maluszahlungen, um die Erfüllung des gewünschten Qualitätsniveaus zu gewährleisten. Seiner Ansicht nach limitiert lediglich das haftende Vermögen des Betreibers die Höhe der Malus-Zahlungen. Allerdings dürften sehr hohe Malus-Zahlungen wiederum das Risiko aus Sicht eines potenziellen Bieters erhöhen, da unter gewissen Umständen eine nicht vollständige Vertragserfüllung unvermeidbar

---

[195] Vgl. auch Kapitel III.4.

[196] Beispielhaft sei die Vergabe A18 aus dem Datensatz erwähnt, die einen maximalen Malus von 4 Millionen Euro und einem maximalen Bonus von 1,25 Millionen Euro pro Jahr vorsah.

ist.[197] Unter einem „normalen" Malus-System würde der Bieter im Notfall den Malus in Kauf nehmen, anstatt unter allen Umständen den Vertrag zu erfüllen. Aus gesamtwirtschaftlicher Sicht könnte letzteres Vorgehen sogar wünschenswert sein.

Weiter weist Borrmann auf die Schwierigkeit der Dimensionierung der Bonus-Zahlungen hin. Hier herrscht ein trade-off: Ein zu großzügiger Bonus sorgt für eine Übererfüllung, was zu Budgetproblemen führen kann. Ein zu niedriger Bonus sorgt für keine Qualitätssteigerung, da die Kosten der Maßnahmen nicht durch die Bonus-Zahlungen gedeckt werden können. Einen Hinweis auf eine sensitivitätsgestützte oder wohlfahrtsorientierte Berechnung, wie sie unter anderem bei Hensher und Houghton (2004, S. 529 – 532 und S. 534 – 537) für den Bussektor in Sydney oder Larsen (2001, S. 3 – 10) für den Busbereich in Bergen zu finden ist, präsentiert Borrmann allerdings nicht.

Insgesamt wiesen 50 Prozent der Verdingungsunterlagen ein Bonus-Malus-System auf. 47 Prozent der Ausschreibungen beschränkten die Anreizzahlungen auf ein Malussystem. Lediglich ein Verfahren, eine der bundesweit ersten SPNV-Ausschreibungen, verzichtete gänzlich auf ein Bonus-Malus-System. Auffällig ist, dass Bonus-Zahlungen, bis auf eine Ausnahme, erst ab dem Jahr 2001 Verwendung fanden, womit dieses Instrument in der jungen Phase des Marktes aus Sicht der Aufgabenträger noch bedeutungslos war.

Bei einer aggregierten Betrachtung der verwendeten Anreizsysteme ist festzustellen, dass bei der Wahl von Bruttoanreizverträgen die Verdingungsunterlagen in stärkerem Maße um Bonus-Malus-Systeme ergänzt wurden als bei Nettoanreizverträgen. Wurden von Seiten des Aufgabenträgers Bruttoanreizverträge gewählt, so wurde in 83 Prozent dieser Vergabeverfahren ein Bonus-Malus-Anreizsystem gewählt. Lediglich 17 Prozent beschränkten sich auf ein Malussystem, wie Abbildung 13 unten zeigt.

Im Falle von Nettoanreizverträgen liegt der Schwerpunkt mit 66 Prozent hingegen auf Anreizsystemen mit reinen Maluszahlungen. 28 Prozent der Verfahren weisen ein Bonus-Malus-System auf. Eine Ausschreibung verzichtet gänzlich auf die Verwendung von leistungsabhängigen Zahlungen als Ergänzung zur Anreizwirkung des Erlösrisikos. Offen-sichtlich versuchen die Aufgabenträger bei der Wahl von Bruttoanreizverträgen die fehlende Anreizwirkung des Erlösrisikos durch die Aufnahme von Bonuszahlungen zumindest zum Teil auszugleichen. Bei der Wahl von Nettoanreizverträgen hingegen vertrauen die Aufgabenträger offenbar stärker auf die durch eine Änderung der Nachfrage ausgelöste Anreizwirkung.

---

[197] Denkbar wäre hier die Erfüllung einer hohen Pünktlichkeitsquote von 95 Prozent, selbst wenn dies aus betrieblichen Gründen im Vergleich zu einer zeitlich befristeten Quote von beispielsweise. 92 Prozent den Kauf eines zusätzlichen Fahrzeuges und damit hohe sprung-fixe Kosten erfordern würde.

Abbildung 13: Bonus-Malus-Zahlungsstrom und gewählte Vertragsart

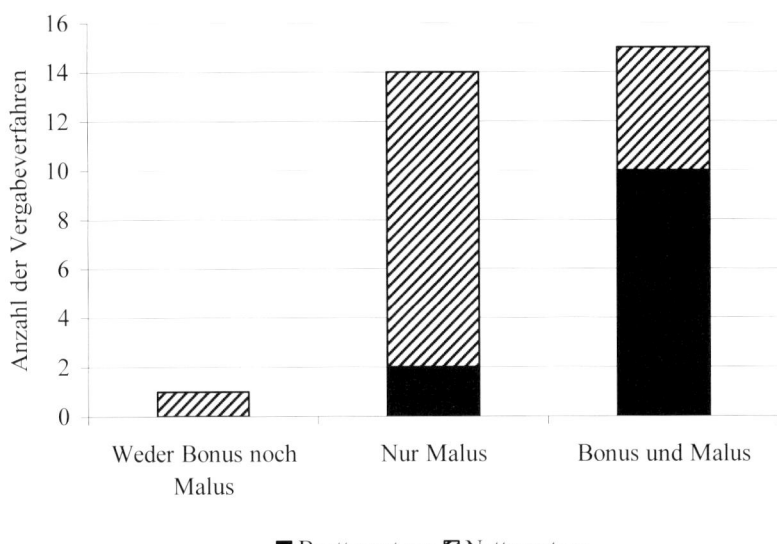

■ Bruttovertrag ▨ Nettovertrag

Quelle: Eigene Darstellung

2.2.2 Monitoring

Als eine ergänzende und teilweise alternative Methode zur leistungsabhängigen Bezahlung kann das monitoring angesehen werden. Bemerkenswert ist der in den Verdingungsunterlagen vorgesehene teilweise geringe Intensitätsgrad der Kontrollaktivitäten. 27 Prozent der Vergaben beschränken sich bei der Überwachung der Vertragserfüllung auf Berichte des Betreibers. Diese Berichte umfassen insbesondere Angaben zum Betriebsablauf (Pünktlichkeit, eingesetzte Fahrzeuge und Personaleinsatz), aber auch teilweise Angaben zu Kundenbeschwerden. Eigene Stichproben des Aufgabenträgers zur Kontrolle der Angaben des Betreibers sind in diesen Verdingungsunterlagen nicht vorgesehen. Auffällig ist, dass diese reduzierte Kontrolltätigkeit mit einer Ausnahme lediglich in den frühen Jahren der Vergabetätigkeit bis zum Jahr 2000 Verwendung fand.

73 Prozent der Vergabeverfahren setzen bei der Überprüfung der Vertragserfüllung zwar ebenfalls primär auf Berichte des Betreibers. Zusätzlich sind hier jedoch Stichproben des Aufgabenträgers vorgesehen. Ein umfangreiches monitoring des Aufgabenträgers, das durch Berichte des Betreibers nur ergänzt wird, war in keinem der Verfahren vorgesehen. Andererseits verzichtete aber auch keine Ausschreibung gänzlich auf Kontrollmöglichkeiten.

121

Aus den Untersuchungsergebnissen lässt sich schließen, dass die Aufgabenträger an einer umfassenden Kontrolle interessiert sind. Gleichzeitig sind sie sich aber der damit verbundenen Informationskosten bewusst, weshalb eine Kontrolle der Angaben des Betreibers lediglich über Stichproben erfolgt.[198]

Wie oben in Kapitel II.3.2 gezeigt, dürfte eine Kombination aus einer verstärkten leistungsabhängiger Anreizzahlung und entsprechenden monitoring-Aktivitäten für den betrachteten Markt optimal sein. Hierdurch könnten die Auswirkungen der Informationsasymmetrie während der Vertragslaufzeit soweit wie möglich reduziert werden, ohne die Kosten für Risiko und monitoring zu stark steigen zu lassen.

Aufgrund der Vielzahl der beeinflussenden Effekte dürfte sich die Ermittlung eines optimalen Niveaus von Anreizzahlungen und monitoring-Aktivitäten, das gleichzeitig im Hinblick auf die agency costs minimiert ist, allerdings sehr schwierig gestalten. Sehen die Verdingungsunterlagen jedoch die Nutzung der Instrumente Anreizzahlung und monitoring in einem angemessenen Umfang vor, ist gemäß der ökonomischen Theorie von einer starken Reduzierung der Informationsasymmetrie auszugehen. Eine weitere Lösungsmöglichkeit könnte in der Erweiterung der oben betrachteten wohlfahrtsmaximierenden Anreizsysteme bestehen.

2.3 Hidden intentions

2.3.1 Aufbau von Abhängigkeit

Für den Aufgabenträger bestehen zum Zeitpunkt des Vertragsabschlusses keine Möglichkeit die Absichten des Betreibers gänzlich einzuschätzen. Dies kann zu einer raubüberfallartigen Situation führen, in der der Betreiber die Daseinsvorsorgeverpflichtung des Aufgabenträgers ausnutzt, um nachträglich eine höhere Zuschusszahlung zu fordern. Auch hier kann die Insolvenz der Flex Verkehrs-AG als Fallbeispiel herangezogen werden. Wie Wewers (2004, S. 49) erläutert, musste der Aufgabenträger in diesem Fall kurzfristig eine höhere Zuschusszahlung akzeptieren, um den Betrieb auf der Strecke Hamburg–Flensburg aufrecht halten zu können.[199]

Da die Absichten des Betreibers zum Zeitpunkt des Zuschlags nicht hinreichend für die gesamte Vertragslaufzeit eingeschätzt werden können, empfiehlt die ökonomische Theorie den Aufbau gegenseitiger Abhängigkeiten. So kann der Gefahr eines hold up zum Beispiel durch eine Sicherheitsleistung (Pfand) des Betreibers zugunsten des Aufgabenträgers entgegengewirkt werden. Diese kann aus Bankbürgschaften, Garantien oder der Hinterlegung einer Kaution bestehen.

Eine derartige Sicherheitsleistung wurde vom Betreiber in 63 Prozent der Vergabeverfahren verlangt. Bezogen auf diese Teilstichprobe war die durchschnittliche Sicherheitsleistung 18,05 Prozent des Auftragswertes des ersten Betriebsjahres. Wie in der Abbildung 14 oben grafisch gezeigt wird, ist bei den betrachteten Ver-

---

[198] Diese Einschätzung teilen auch die interviewten Gesprächspartner der Aufgabenträger.

[199] Allerdings konnte ebenfalls relativ kurzfristig ein neuer Betreiber gefunden werden.

gabeverfahren allerdings eine große Streuung mit einer Standardabweichung von 16,23 Prozentpunkten zu beobachten. So fordern die drei Vergabeverfahren A8, A9 und A10 eine Sicherheitsleistung von 50 Prozent, während die Vergabe A2 mit 0,2 Prozent die niedrigste Sicherheitsleistung vorsahen. Der Median liegt bei fünf Prozent. Bezogen auf die gesamte Stichprobe würde sich eine durchschnittliche Sicherheitsleistung von 11,43 Prozent ergeben. Es bleibt anzumerken, dass eine während der Vertragslaufzeit offenbarte schlechte Leistungsfähigkeit die Reputation des Betreibers schädigt ohne den Schaden des Aufgabenträgers direkt auszugleichen. Letzterer kann den ihm entstandenen Nachteil nur im Falle einer tatsächlich hinterlegten Sicherheit minimieren. Die Sicherheitsleistung stellt damit in gewisser Hinsicht eine Versicherung des Aufgabenträgers gegen opportunistisches Verhalten des Betreibers dar.

Abbildung 14: Höhe der Sicherheitsleistung je Vergabeverfahren[200]

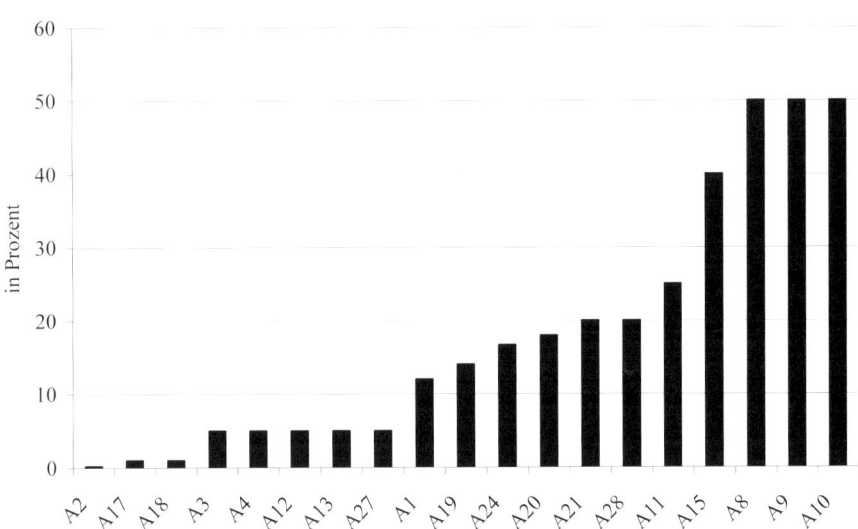

Quelle: Eigene Darstellung

Neben der Sicherheitsleistung können im Rahmen der Vertragsbeziehung weitere beziehungsspezifische Investitionen für das Unternehmen entstehen. Diese stellen aus Sicht des Betreibers zumindest für die Betriebszeit ebenfalls ein „Gegengewicht" dar, da eine kurzfristige alternative Verwendungsmöglichkeit in der Regel nicht gegeben ist. So ergeben sich allein durch die Teilnahme an der Ausschreibung und im Rahmen der Betriebsvorbereitung Kosten, die als sunk costs einzuordnen

---

[200] Die Sicherheitsleistung wird gemessen in Prozent des Zuschussbedarfs des ersten Betriebs-jahres.

sind. Ist in den Verdingungsunterlagen außerdem kein Eigentumstransfer der Fahrzeuge vorgesehen oder werden die Fahrzeuge nicht vom Aufgabenträger gestellt, muss der Betreiber das Weiterverwendungsrisiko nach Ablauf der Vertragslaufzeit tragen.[201] Ein Eigentumstransfer oder ein Fahrzeugpool würde ihm hingegen bei der Senkung dieser in Grenzen spezifischen Investition helfen, wenngleich aufgrund der Erkenntnisse aus Kapitel IV.1.2.7 diese Maßnahme offensichtlich nur eine begrenzte Wirkung entfalten dürfte. Insgesamt wird auf eine Übernahme des Weiterverwendungsrisikos in 60 Prozent der Ausschreibungen verzichtet.

Bei einer aggregierten Betrachtung der Sicherheitsleistung und der Übernahme des Weiterverwendungsrisikos ist festzustellen, dass 17 Prozent der Vergabeverfahren auf den Aufbau von Abhängigkeiten zugunsten des Aufgabenträgers gänzlich verzichten, wie Abbildung 15 unten zeigt. Die Verdingungsunterlagen sehen in diesen Fällen eine Übernahme des Weiterverwendungsrisikos durch die Aufgabenträger vor und verzichten gleichzeitig auf Sicherheitsleistungen des Betreibers.

Abbildung 15: Sicherheitsleistung und Eigentumstransfer, aggregiert

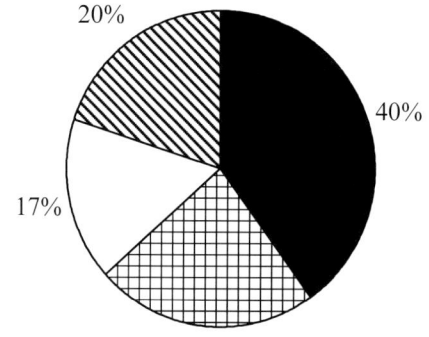

■ Nur Sicherheitsleistung, kein Eigentumstransfer
⊞ Sicherheitsleistung und Eigentumstransfer
☐ Nur Eigenturmstransfer, keine Sicherheitsleistung
◨ Weder Sicherheitsleistung noch Eigentumstransfer

Quelle: Eigene Darstellung

In insgesamt 43 Prozent der Vergabeverfahren werden hingegen die Vertragsinstrumente zum Aufbau einer Abhängigkeit des Betreibers vom Aufgabenträger zumindest eingeschränkt genutzt: 20 Prozent der Vergabeverfahren beschränken sich auf den Verzicht der Übernahme des Weiterverwendungsrisikos durch den Aufgabenträger und 23 Prozent konzentrieren sich auf die Hinterlegung von Sicherheiten des Betreibers zugunsten des Aufgabenträgers, gewähren jedoch Eigentumstransfer. Schließlich sehen 40 Prozent der Vergabeverfahren die vollständige Nutzung

---

[201] Wie bereits geschildert, übersteigt die Lebensdauer der zumeist neuwertigen Fahrzeuge die Vertragslaufzeit.

beider Vertragsinstrumente vor (in 33 Prozent der Fälle ist dabei eine Sicherheitsleistung von mindestens fünf Prozent des Zuschussbedarfes des ersten Jahres vorgesehen).

In diesen Fällen ist sowohl eine Sicherheitsleistung als auch ein Verzicht auf die Übernahme des Weiterverwendungsrisikos vorgesehen. Diese Kombination beider Instrumente dürfte in ihrer Anreizwirkung die stärkste Wirkung gegen opportunistisches Verhalten des Betreibers haben.[202]

2.3.2 *Reputationsmechanismus*

Unabhängig vom, aus Sicht der Bieter als eingeschränkt einzustufenden, Weiterverwendungsrisiko gewährleistet in der Regel nur der direkte Anschlussauftrag eine optimale Ausnutzung des in den spezifischen Fahrzeugen gebundenen Kapitals. Der Weiterbetrieb dürfte zudem im Hinblick auf den Mitarbeitereinsatz optimal sein. Das Ziel des Betreibers ist deshalb eine Vertragsverlängerung durch eine kostengünstige Direktvergabe ohne Ausschreibung. Besteht der Aufgabenträger auf einer Neuausschreibung der Leistung, richtet sich die Zielsetzung des Betreibers auf den Nichtausschluss und schließlich den Gewinn des Vergabeverfahrens aus. In beiden Fällen könnte eine schlechte Vertragserfüllung das Risiko eines fehlenden Anschlussauftrages erhöhen. Hat der Agent andererseits in der Vergangenheit seine gute Leistungsfähigkeit unter Beweis gestellt, gilt dies auch als Signal für seine zukünftige Leistungsfähigkeit und wird die Chancen der Neuvergabe zumindest nicht reduzieren. Damit wirkt die Reputation bzw. der Reputationsmechanismus ähnlich disziplinierend wie die Schaffung von Abhängigkeiten.

Eine regulierte Ausnutzung des Reputationsmechanismus stellt die Vertragsverlängerungsoption des Aufgabenträgers dar, die mit einer erstmaligen Verwendung im Jahre 2000 offensichtlich zu den jüngeren Vertragselementen gehört. 20 Prozent der Vergabeverfahren sehen diese Möglichkeit vor. Die Verträge verlängern sich in den betrachteten Fällen um mindestens 2 Jahre, wobei die ursprüngliche Vertragslaufzeit mindestens 8 Jahre beträgt. Vier Vergabeverfahren weisen eine Kombination aus Verlängerungsoption und Übernahme des Weiterverwendungsrisikos durch einen regulierten Eigentumstransfer auf, womit sich bei diesen Ausschreibungen die Wirkung des Reputationsmechanismus reduziert.

Einige Verfahren weisen eine stillschweigende, jährliche Verlängerung des Vertrages nach Ablauf der regulären Laufzeit auf, sofern nicht einer der Vertragspartner kündigt. So ist ein Verkehrsvertrag unbefristet, aber mit einer Frist von 24 Monaten jeweils zum Ablauf eines Fahrplanjahres im Anschluss an die Mindestlaufzeit kündbar. Diese Vertragsart dürfte aus Sicht des Reputationsmechanismus die stärkste Wirkung haben, da sie dem in Kapitel II.3.4 dargestellten theoretischen Ansatz sehr nahe kommt: Bei einer schlechten Vertragserfüllung verliert der

Betreiber nicht nur die Gewinnmöglichkeiten einer Zusatzperiode, sondern aller zukünftiger Perioden. Er gefährdet damit zum Beispiel den ununterbrochenen Einsatz seiner Fahrzeuge über die gesamte Lebensdauer (vorausgesetzt es ist kein Eigentumstransfer vorgesehen). Eine andere Ausschreibung verzichtet sowohl auf den Reputationsmechanismus als auch auf die Schaffung von Abhängigkeiten. Die Verdingungsunterlagen sehen in diesem Fall die Übernahme des Weiterverwendungsrisikos der Fahrzeuge vor und verzichten gleichzeitig auf eine Sicherheitsleistung und auf eine Verlängerungsoption.

2.3.3 Schlichtung

Um der Problematik der fehlenden Durchsetzbarkeit vor Gericht entgegenzuwirken, empfiehlt die ökonomische Theorie die Etablierung von Schlichtungsverfahren. Diese Möglichkeit sehen 50 Prozent der Vergabeverfahren vor. Da dieses Verfahren eine kostengünstige Möglichkeit zur Flexibilisierung insbesondere längerer Verträge darstellt, wäre an dieser Stelle eine stärkere Verwendung zu erwarten gewesen.

2.4 Zwischenfazit

Die ökonomische Theorie weist im Bereich der Informationsasymmetrie auf eine Reihe von Problemen und Risiken im Zusammenhang mit dem Eingehen einer Prinzipal-Agenten-Beziehung hin. Hierzu gehören die Probleme der hidden characteristics, der hidden action und der hidden intentions. Diese Probleme treten auch im Zusammenhang mit der Gestaltung der Vertragsbeziehung zwischen einem Aufgabenträger und einem Betreiber im SPNV auf.

Hinsichtlich der Reduzierung der Informationsasymmetrie und ihrer Auswirkungen zeigen die im Rahmen dieser Untersuchung betrachteten Verdingungsunterlagen ein vielschichtiges Bild. Wie die Tabelle 4 unten zeigt, werden die oben dargestellten Empfehlungen zur Reduzierung der Informationsasymmetrie bislang nicht hinreichend angewandt. Fast alle Instrumente bzw. Empfehlungen werden lediglich in einem Teil der Vergaben berücksichtigt. Der Anteil der Vergaben, die eine spezifische Empfehlung erfüllen, im Verhältnis zur Gesamtanzahl aller Vergaben (Erfüllungsgrad) ist gleichzeitig sehr unterschiedlich.

So führen die Aufgabenträger zwar ein screening der potenziellen Betreiber durch, allerdings beschränken sich die dabei abgeforderten Signale meist auf gesetzlich bereits festgeschriebene Mindestbedingungen. Zusätzliche (Qualitäts-)Zertifikate, die die Leistungsfähigkeit der Bieter in diesem Bereich unterstreichen könnten, werden kaum berücksichtigt. Der self selection-Mechanismus wird primär als rei-

---

[202] Da eine Vertragsverlängerungsoption unter dem Aspekt der beziehungspezifischen Investition kaum einen Einfluss hat, erfolgt lediglich eine Betrachtung im Rahmen des Reputationsmechanismus.

nes Instrument zur Reihung der Bieter hinsichtlich des gebotenen Zuschussbedarfes im Rahmen des Ausschreibungsprozesses genutzt. Vereinzelt sehen die Verdingungsunterlagen tatsächlich verschiedene Vertragsangebote vor, die eine Selbstselektion ermöglichen. Um die Gefahr der adversen Selektion zu reduzieren, konzentrieren sich die Aufgabenträger demnach insbesondere auf Methoden des Screenings.

Tabelle 4: Erfüllungsgrad der Empfehlungen zur Reduzierung der Informationsasymmetrie

	Ökonomische Empfehlungen zur Reduzierung der Informationsasymmetrie	Anteil der Vergaben, die diese Empfehlung erfüllen, in Prozent
Problem der hidden characteristics	screening: Mindestbedingungen	100
	signaling: Zertifikate	13
	screening: Erfahrungswerte	77
	self selection: Bonus-Malus	7
	self selection: Echte Losausschreibung	10
Problem der hidden action	Anreizzahlungen: Nettovertrag	60
	Anreizzahlungen: Bonus- und Maluszahlungen	50
	Anreizzahlungen: Nur Maluszahlungen	47
	monitoring: Berichte	27
	monitoring: Berichte + Stichproben	73
Problem der hidden intentions	Sicherheitsleistung	63
	Keine Sicherheitsleistung und Übernahme des Weiterverwendungsrisikos durch den Aufgabenträger (kein Risiko für Betreiber)	17
	Reputationsmechanismus: Vertragsverlängerung	20
	Schlichtung	50

Quelle: Eigene Darstellung

Zur Vermeidung der Gefahr des moral hazard empfiehlt die ökonomische Theorie insbesondere leistungsabhängige Zahlungsströme. Der damit verbesserten Zielharmonisierung steht jedoch ein trade-off hinsichtlich eines steigenden vertragsimmanenten Risikos gegenüber. Bei den betrachteten Verdingungsunterlagen lassen sich zwei Arten der Implementierung einer leistungsabhängigen Bezahlung beobachten: die Übertragung des Erlösrisikos auf den Betreiber im Zuge eines Nettovertrages sowie der Einsatz von Bonus-Malus-Systemen.

Entscheiden sich die Aufgabenträger für Nettoanreizverträge, so ist überwiegend eine Beschränkung auf Malus-Systeme zu beobachten, während bei Bruttoanreizverträgen zusätzlich Bonus-Systeme Verwendung finden. Offensichtlich vertrauen die Aufgabenträger bei Nettoanreizverträgen auf eine stärkere Anreizwirkung durch die Übertragung des Erlösrisikos. Es bleibt allerdings festzustellen, dass der leistungsabhängige Anteil der Subventionszahlung bei Bruttoanreizverträgen aufgrund der geringen Bonus-Malus-Zahlungen erheblich geringer ausfällt als bei Nettoverträgen. Um eine vergleichbare Anreizwirkung zu erreichen, müssten Bonus-Malus-Zahlungen deshalb bei Bruttoverträgen erheblich ausgeweitet werden. Das von Fearnley et al. (2004, S. 29 – 38) verwendete Modell könnte hier eine Orientierung geben.

Zusätzlich zur leistungsabhängigen Bezahlung empfiehlt die ökonomische Theorie das monitoring. Die Umsetzung erfolgt primär über Berichte des Betreibers zuzüglich vereinzelter Stichproben des Aufgabenträgers. Umfangreiche Direktkontrollen des Aufgabenträgers konnten nicht festgestellt werden.

Da die Verträge zwangsläufig unvollständig und die Absichten des Betreibers für den Aufgabenträger nicht gänzlich einschätzbar sind, wird der Aufbau von Abhängigkeiten empfohlen. Neben dem Instrument der Hinterlegung von Sicherheiten zugunsten des Aufgabenträgers, das in knapp zwei Dritteln der Fälle genutzt wurde, sind hierbei auch beziehungsspezifische Investitionen zu nennen. Nur in einer geringen Anzahl von Ausschreibungen wird völlig auf den Aufbau von Abhängigkeiten zugunsten des Aufgabenträgers verzichtet.

Wird von einem grundsätzlichen Interesse des Betreibers an einer Vertragsverlängerung oder einer Neuvergabe ausgegangen, stellt auch der Reputationsmechanismus ein Drohpotenzial des Aufgabenträgers dar. Dieses Instrument findet jedoch nur in wenigen Verfahren Verwendung. Vereinzelt ist eine stillschweigende Vertragsverlängerung vorgesehen, sofern nicht eine der Vertragsparteien kündigt. Diese Regelung dürfte aus Sicht des Reputationsmechanismus die stärkste Anreizwirkung gegen opportunistisches Verhalten haben. Gänzlich unbeachtet blieb sowohl der Reputationsmechanismus als auch die Schaffung von Abhängigkeiten lediglich in einem Verfahren.

Obwohl das Instrument der Schlichtung eine kostengünstige Flexibilisierung des Vertrages ermöglicht, sieht diese Möglichkeit lediglich knapp die Hälfte der Verdingungsunterlagen vor. Weiterhin lässt sich die Entwicklung der Ausschreibungstätigkeit anhand einiger Indizien in zwei Marktphasen einteilen. In der ersten Marktphase bis ca. 2000 führten die Aufgabenträger ihre ersten Ausschreibungen durch und sammelten so wertvolle Erfahrungen. Die aus den Beobachtungen der ersten Vergabephasen und der Vertragserfüllung der Betreiber gewonnenen Erkenntnisse führten offensichtlich in der zweiten Marktphase ab ca. 2001 zu einer Überarbeitung der Verdingungsunterlagen. So beschränkten sich die Aufgabenträger beim monitoring vor 2001 überwiegend auf Berichte der Betreiber. Dieser Vertrauensvorschuss wurde den Betreibern ab 2001 regelmäßig nicht mehr gewährt. Das Instrument der Bonus-Zahlungen findet ebenfalls erst seit 2001 verstärkt Verwendung. Zuvor beschränkte man sich auf Malus-Zahlungen. Das Instrument der Vertragsverlängerung findet erst seit dem Jahre 2000 Verwendung. Auch das Offene Verfahren ist erst seit dem Jahre 2000 zu beobachten.

3.   Sonstige deskriptive Kriterien

Im Folgenden werden weitere Indikatoren deskriptiv dargestellt. Es sei angemerkt, dass, obwohl sich bei den gewählten Kriterien teilweise Auswirkungen auf die Attraktivität des Vergabeverfahrens aus Sicht der Bieter vermuten lassen, keine aussagekräftigen Zusammenhänge mit der Anzahl der Bieter festgestellt werden konnten.

Wie die Abbildung 24 auf Seite 144 im Anhang zeigt, ist die Wahl insbesondere der dem Gewinner der Ausschreibung gewährten Betriebsvorbereitungszeit in den einzelnen Vergabeverfahren sehr unterschiedlich. Während dem zukünftigen Betreiber im Durchschnitt ca. 19 Monate vom Ende der Bindefrist bis zur Betriebsaufnahme gewährt werden, ist die großzügigste Frist hier knapp 36 Monate. Allerdings wird in dringenden Einzelfällen der endgültige Zuschlag auch erst nach Betriebsaufnahme gewährt, was die negativen Ausschläge erklärt. Darüber hinaus wird den Gewinnern offensichtlich mit einem umfangreicheren ausgeschriebenen Leistungsvolumen tendenziell eine längere Betriebsvorbereitungszeit zugebilligt. Die Abbildung 25 auf Seite 144 im Anhang zeigt, dass hier ein positiver quadratischer Zusammenhang mit einem Fit von 57,16 Prozent bestätigt werden kann.

Die durchschnittliche Angebotsfrist beträgt ca. vier Monate. Im sehr dringenden Fall der Vergabe A14, bei der der Altbetreiber zuvor Insolvenz anmelden musste, wurde den Bietern lediglich ein Zeitraum von fünf Tagen bis zur Angebotsabgabe gewährt, während der längste Zeitraum gut acht Monate beträgt. Die durchschnittliche Bindefrist beträgt gut sieben Monate. Der kürzeste Zeitraum der Bindefrist wird mit 20 Tagen, der längste mit knapp 26 Monaten angegeben.

In der Bewertung der Gebote lässt sich die oben getroffene Annahme bestätigen, wonach der Zuschussbedarf das entscheidende Kriterium bei der Entscheidung des Aufgabenträgers über die Zuschlagserteilung ist. 63 Prozent der Vergabeverfahren nennen den Preis je Zugkm explizit als das wichtigste Entscheidungskriterium. Die übrigen Vergabeverfahren sehen meist implizit eine herausragende Bedeutung dieses Kriteriums vor.

Hinsichtlich der Qualitätsvorgaben ist zu beobachten, dass diese bei Bruttoverträgen tendenziell umfangreicher sind. Bei Nettoverträgen wird den Bietern durch eine weniger detaillierte Vorgabe der Mindestqualität ein größerer Spielraum in der Angebotsgestaltung gewährt.

Grundsätzlich kommt jedoch der Festlegung der Qualität vor dem Vergabeverfahren die höchste Bedeutung zu. Dieses Vorgehen wird teilweise ergänzt, indem mit Hilfe von Nebenangeboten die Bestimmung der Qualität gemäß des in Kapitel I.4.4.3 beschriebenen Verfahrens erst im Vergabeverfahren erfolgt. Nebenangebote waren ebenfalls zumeist bei Nettoverträgen zu beobachten. Insgesamt sahen 50 Prozent der Vergabeverfahren Nebenangebote als Möglichkeit des Qualitätswettbewerbs vor und ermöglichen so zumindest die teilweise Qualitätsermittlung im Vergabeverfahren. Es bleibt anzumerken, dass der Aufgabenträger nicht zu einer Berücksichtigung der Nebenangebote verpflichtet ist, da jeder Bieter ein auf Basis der Verdingungsunterlagen zu erstellendes Hauptangebot abzugeben hat.

Um kleineren Unternehmen die Teilnahme an Ausschreibungen zu ermöglichen, werden zumeist Bietergemeinschaften zugelassen. Allerdings sehen die Vergabeverfahren zugleich vor, dass für die Dauer der Vergabephase ein Unternehmen als Hauptansprechpartner zu nennen ist. Für die Dauer der Vertragsphase (Vertragslaufzeit) wird regelmäßig die Errichtung eines eigenständigen Unternehmens gefordert, um so die in Kapitel II.3.2 geschilderte Teamproblematik zu umgehen. Diese Problematik wird damit in gewisser Hinsicht auf die Ebene der in der Bietergemeinschaft zusammengeschlossenen Unternehmen untereinander verschoben.

Im Zuge der Förderung des SPNV förderte die öffentliche Hand die Investitionen einzelner Unternehmen in Fahrzeuge und Werkstätten. 66 Prozent der Vergabeverfahren sehen im Rahmen ihrer Gebotsbewertung eine Bereinigung der Angebote für den Fall vor, dass die Angebote in der Vergangenheit geförderte Investitionsgüter enthalten. Hierdurch soll offensichtlich für vergleichbare Kalkulationsgrundlagen Sorge getragen werden.[203]

Allerdings findet dieses Instrument bei jüngeren Vergaben kaum noch Verwendung. Die Verwendung von gebrauchten Fahrzeugen war in 53 Prozent der Vergabeverfahren zugelassen, wobei das durchschnittlich erlaubte Fahrzeugalter dieser Teilstichprobe sechseinhalb Jahre betrug.

---

[203] Gemäß Laeger (2004, S. 59 – 61) übervorteilt die bisherige Fahrzeugförderung die DB als eine der wenigen, die in den Genuss dieser Investitionsförderung gekommen sind.

Kapitel V: Fazit

1. Zusammenfassung

Der deutsche SPNV-Markt unterliegt seit einigen Jahren einem starken Wandel. Im ursprünglich zur Gänze als natürliches Monopol eingestuften und hochgradig reglementierten Markt nutzt die öffentliche Hand seit der Bahnreform in zunehmendem Maße die Möglichkeiten des kontrollierten Wettbewerbs.

Die von den Bundesländern eingerichteten Aufgabenträger sind für die Sicherstellung einer ausreichenden Versorgung mit SPNV-Verkehrsleistungen gemäß dem Prinzip der Daseinsvorsorge verantwortlich. Der Aufgabenträger kann aus Sicht der Neuen Institutionenökonomik als Prinzipal eingeordnet werden, der einzelne Agenten, so genannte Betreiber, mit der Durchführung von Verkehrsleistungen beauftragt.

Im Zuge der Vergabe von Verkehrsleistungen lässt sich die Verfolgung von zwei Zielsetzungen beobachten: Senkung des Zuschussbedarfs und Sicherung eines möglichst hohen Qualitätsniveaus. Der Aufgabenträger sieht sich dabei umfangreichen Informationsasymmetrien sowohl hinsichtlich der Kosten als auch hinsichtlich der qualitativen Leistungsfähigkeit der Agenten gegenüber. Die Aufgabe des Aufgabenträgers besteht deshalb in der Auswahl des kostengünstigsten Betreibers mittels eines Verfahrens, das opportunistisches Verhalten hinsichtlich der Leistungsqualität vor und während der Vertragslaufzeit soweit als möglich verhindert.

Die Zielsetzung der Auswahl des kostengünstigsten Betreibers steht für den Aufgabenträger während der Vergabephase zunächst im Vordergrund und kann als erstes Primärziel eingeordnet werden. Die Vergabe der Verkehrsleistung im Zuge einer Ausschreibung ermöglicht ihm eine Selbstreihung der Bieter hinsichtlich ihrer Gebote zur Höhe der für den Betrieb nötigen Subventionszahlung. Dieser Mechanismus reduziert die Informationsasymmetrie hinsichtlich der Kostenfunktion zwischen Prinzipal und (potenziellem) Agent.

Zur Erzielung eines aus Sicht des Aufgabenträgers optimalen Ausschreibungsergebnisses empfiehlt die ökonomische Theorie als Anreizinstrument einen hohen Wettbewerb im Ausschreibungsverfahren. Die Bedingungen der Vergabe sollten deshalb so gesetzt werden, dass sich eine möglichst große Anzahl von Bietern zu einer Angebotsabgabe entschließt. Bei einer Untersuchung deutscher SPNV-Vergabeverfahren ist festzustellen, dass je Ausschreibung im Durchschnitt elf ernsthaft interessierte Unternehmen die Verdingungsunterlagen abfordern. Es entschließen sich allerdings im Durchschnitt nur vier Bieter zur Abgabe eines Angebotes. Dies deutet darauf hin, dass Vergabebedingungen existieren, die als Markteintrittsbarrieren in der Regel ca. zwei Drittel der Anfrager von der Abgabe eines Angebotes abhalten.

Vor dem Hintergrund der im SPNV üblichen Langzeitverträge und unter der Annahme risikoaverser Unternehmen konnte als wesentliche Markteintrittsbarriere das vertragsimmanente Risiko identifiziert werden. So bestätigte die Regressionsanalyse die Hypothese, dass der vom Aufgabenträger übernommene Anteil am Preissteigerungsrisiko der wesentlichen Inputfaktoren einen positiven Einfluss auf die Anzahl der Bieter hat. Auf Basis eines Signifikanzniveaus von 99 Prozent ist dieser Einfluss größer als 0,5. Die Fallanalyse unterstützt diese Einschätzung. Auch die Hypothese, dass der Anteil des Betreibers am Erlösrisiko einen negativen Einfluss auf die Anzahl der Bieter hat, konnte im Rahmen der Untersuchung bestätigt werden. Auf Basis eines Signifikanzniveaus von 99,5 Prozent ist dieser Einfluss stärker als –3. Die Bieter antizipieren damit die Gefahr einer Überschätzung des Fahrgelderlöspotenzials und versuchen so ein Überbieten (winner's curse), wie es in der Fallanalyse dargestellt wurde, zu vermeiden. Bei einer vergleichenden Betrachtung mittels der standardisierten Koeffizienten ist darüber hinaus festzustellen, dass das Erlösrisiko im Vergleich zum Kostenrisiko einen stärkeren Einfluss auf die Anzahl der Bieter hat.

Wird die Untersuchung von Markteintrittsbarrieren um den Aspekt der Kapitalintensität einer Ausschreibung erweitert, lässt sich bei den untersuchten Vergabeverfahren kein Einfluss auf die Anzahl der Bieter ermitteln. Die Einschätzung, dass die Fixkostenbelastung der Bieter oder das Weiterverwendungsrisiko der für den Betrieb benötigten Fahrzeuge eine Markteintrittsbarriere darstellen, kann nicht bestätigt werden.

Hinsichtlich des Ausschreibungsdesigns ist festzustellen, dass die Aufgabenträger die Möglichkeiten zur Sicherung eines hohen Wettbewerbsdrucks im Vergabeverfahren noch nicht hinreichend nutzen. Zwar sieht die überwiegende Mehrzahl der Vergaben Regelungen gegen die Verteilung eines potenziellen Kartellgewinns vor, allerdings wird das Verfahren mit dem höchsten Wettbewerbsdruck, das Offene Verfahren, nur in etwas mehr als der Hälfte der Fälle verwandt.

Zur Sicherstellung des zweiten Primärziels, der Verhinderung opportunistischen Verhaltens durch eine Reduzierung der Informationsasymmetrie vor und während der Vertragslaufzeit, empfiehlt die Neue Institutionenökonomik diverse Einzelmaßnahmen. Im Verlauf der Untersuchung der Vergabeverfahren hinsichtlich der Aufnahme dieser Empfehlungen in die betrachteten Vergabebedingungen zeigt sich, dass auch hier Verbesserungspotenzial besteht.

So prüfen die Aufgabenträger die Bieter zwar hinsichtlich eines offensichtlich nahezu einheitlichen Katalogs von Mindestbedingungen. Im Rahmen dieser Überprüfung werden allerdings in der Regel keine Zertifikate hinsichtlich der qualitativen Leistungsfähigkeit bei der Verkehrsleistung verlangt, wie es zum Beispiel DIN-Zertifikate darstellen könnten. Die Aufgabenträger beschränken sich hierbei auf die Untersuchung indirekter Nachweise, wie zum Beispiel staatliche Genehmigungen und Zeugnisse der Mitarbeiter. Zusätzlich wird zumeist die Reputation des Bieters über die Angabe seiner Erfahrungswerte überprüft. Von der Möglichkeit einer Selbstselektion der Bieter durch das Angebot eines Menüs an Verträgen machen die Aufgabenträger im Rahmen der betrachteten Ausschreibungen bisher kaum Gebrauch.

In Bezug auf die Verhinderung opportunistischen Verhaltens während der Vertragslaufzeit finden insbesondere Bonus-Malus-Systeme Verwendung. Dieses Instrument konnte in nahezu allen Vergaben in verschiedenen Formen beobachtet werden. Zusätzlich besteht die Möglichkeit der Übertragung des Fahrgelderlösrisikos auf den Betreiber, die in etwas mehr als der Hälfte der Vergaben beobachtet wurde. Als problematisch muss das im Vergleich zur Übertragung des Erlösrisikos geringe Finanzvolumen der Bonus-Malus-Systeme eingestuft werden, das damit bei einem Verzicht auf die Übertragung des Erlösrisikos nur eine geringe Anreizwirkung entfalten kann. Auch hinsichtlich des auf Basis wohlfahrtsoptimaler Überlegungen bestimmten, vollkommen leistungsabhängigen Zahlungsstroms, der für den norwegischen Intercity-Verkehr entwickelt wurde, ist die Anreizkompatibilität der beobachteten Bonus-Malus-Systeme im deutschen SPNV als vergleichsweise gering einzuschätzen. Der offensichtlich aufgrund der hohen Kosten nur relativ geringe Kontrollumfang dürfte dieses Problem nicht beheben können.

Hinsichtlich der Durchsetzbarkeit der Verträge bei Vertragsverstößen des Betreibers besteht in den betrachteten Vergabeverfahren ebenfalls noch Verbesserungspotenzial. So sehen nur knapp zwei Drittel der Vergaben eine Sicherheitsleistung des Betreibers zugunsten des Aufgabenträgers vor, um so eine gewisse Abhängigkeitswirkung zu erzeugen. Wird die Übertragung des Weiterverwendungsrisikos der Fahrzeuge auf den Betreiber in ihrer Wirkung als der Sicherheitsleistung zumindest ähnlich eingestuft, so fehlt eine derartige Regelung in immerhin 17 Prozent der Vergaben. Auf die Möglichkeit zur Verhinderung opportunistischen Verhaltens durch einen Reputationsmechanismus im Rahmen einer Vertragsverlängerungsoption verzichtet die überwiegende Mehrheit der Vergaben. Schlichtungsverfahren sind nur in der Hälfte der Verkehrsverträge vorgesehen.

2.   Ausblick

Die Ergebnisse zeigen, dass in den betrachteten Vergabeverfahren sowohl hinsichtlich des Ausschreibungswettbewerbs als auch hinsichtlich der Reduzierung der Möglichkeiten zu opportunistischem Verhalten vor und während der Vertragslaufzeit teilweise erhebliches Verbesserungspotenzial besteht. Die Vergabebedingungen sind in diversen Teilbereichen nicht konsistent mit der ökonomischen Theorie, womit die Gefahr einer Fehlallokation besteht. Wie Abbildung 26 im Anhang auf Seite 146 zeigt, ergeben sich eine ganze Reihe von Handlungsempfehlungen.

Um einen hohen Ausschreibungserfolg sicherzustellen, empfiehlt sich aus Sicht der Aufgabenträger eine Verstärkung des Ausschreibungswettbewerbs durch eine Senkung der Markteintrittsbarrieren. Insbesondere die Reduzierung des vertragsimmanenten Risikos dürfte zu einer weiteren Senkung des Zuschussbedarfs beitragen. Ein wettbewerbsorientiertes Ausschreibungsdesign kann diesen Prozess unterstützen.

Um die Gefahr opportunistischen Verhaltens der Unternehmen hinsichtlich der Qualität der Verkehrsleistung vor und während der Vertraglaufzeit zu reduzieren, sollte zunächst der Überprüfung der Bieter zur Verhinderung einer adversen Selektion besondere Beachtung geschenkt werden. Die anreizkompatible Vertragsgestaltung sichert darüber hinaus eine weitgehende Vertragserfüllung und reduziert die Attraktivität opportunistischen Verhaltens während der Vertragslaufzeit. Gleichzeitig kann der Aufbau von Abhängigkeiten die Durchsetzungskraft des Vertrages erhöhen.

Im Hinblick auf die Übertragung des Fahrgelderlösrisikos auf den Betreiber bleibt anzumerken, dass ein Zielkonflikt zwischen der Erhöhung der Anreizwirkung und der Reduzierung des Zuschussbedarfs besteht. Eine Lösung könnte in einer erheblichen Verbesserung der zur Verfügung gestellten Nachfrageinformationen bestehen, was den Bietern eine Reduzierung der einkalkulierten Risikoprämie erlauben würde. Zur Bestimmung des Anteils des Betreibers am Erlösrisiko, der sowohl hinsichtlich der Anreizwirkungen als auch hinsichtlich des Zuschussbedarfs optimal ist, bedarf es allerdings weiterer Untersuchungen. Hier könnten die betrachteten wohlfahrtsmaximierenden Anreizsysteme um den Aspekt des Risikos erweitert werden.

Weiterer Forschungsbedarf besteht darüber hinaus im Bereich des Einflusses der Kapitalintensität. Hier kann eine abschließende Aussage noch nicht getroffen werden, da im deutschen SPNV-Markt bislang erst eine geringe Anzahl von Vergaben mit einer relativ hohen Kapitalintensität durchgeführt wurde.

Anhang

Abbildung 16: Verteilung der untersuchten Vergabeverfahren im Zeitablauf

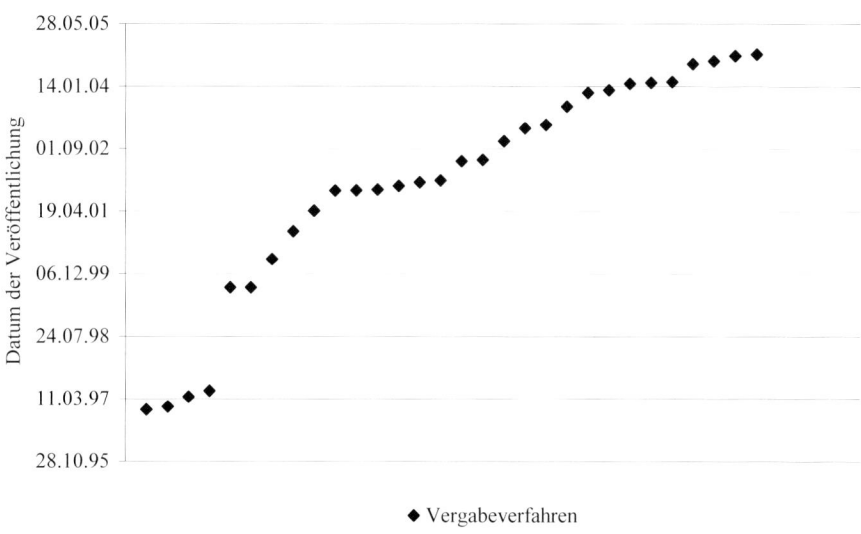

Quelle: Eigene Darstellung

Abbildung 17: Verteilung der Netzgrößen in der Stichprobe

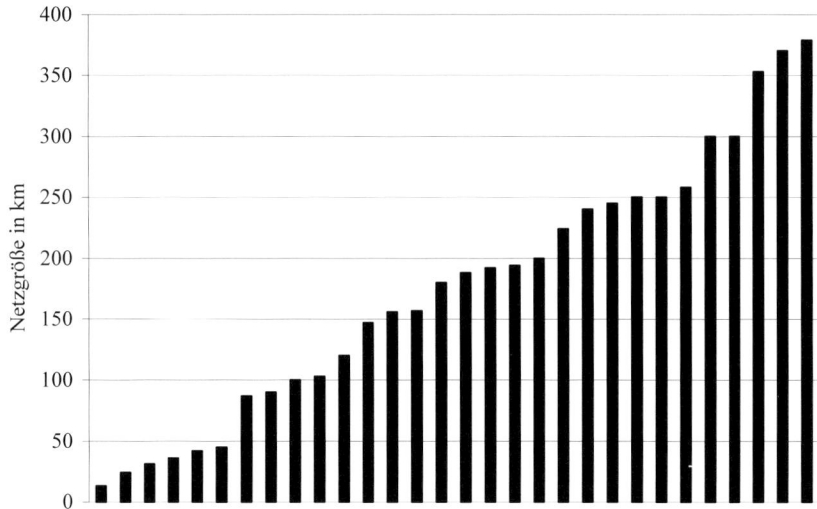

Quelle: Eigene Darstellung

Abbildung 18: Bieterreduktion

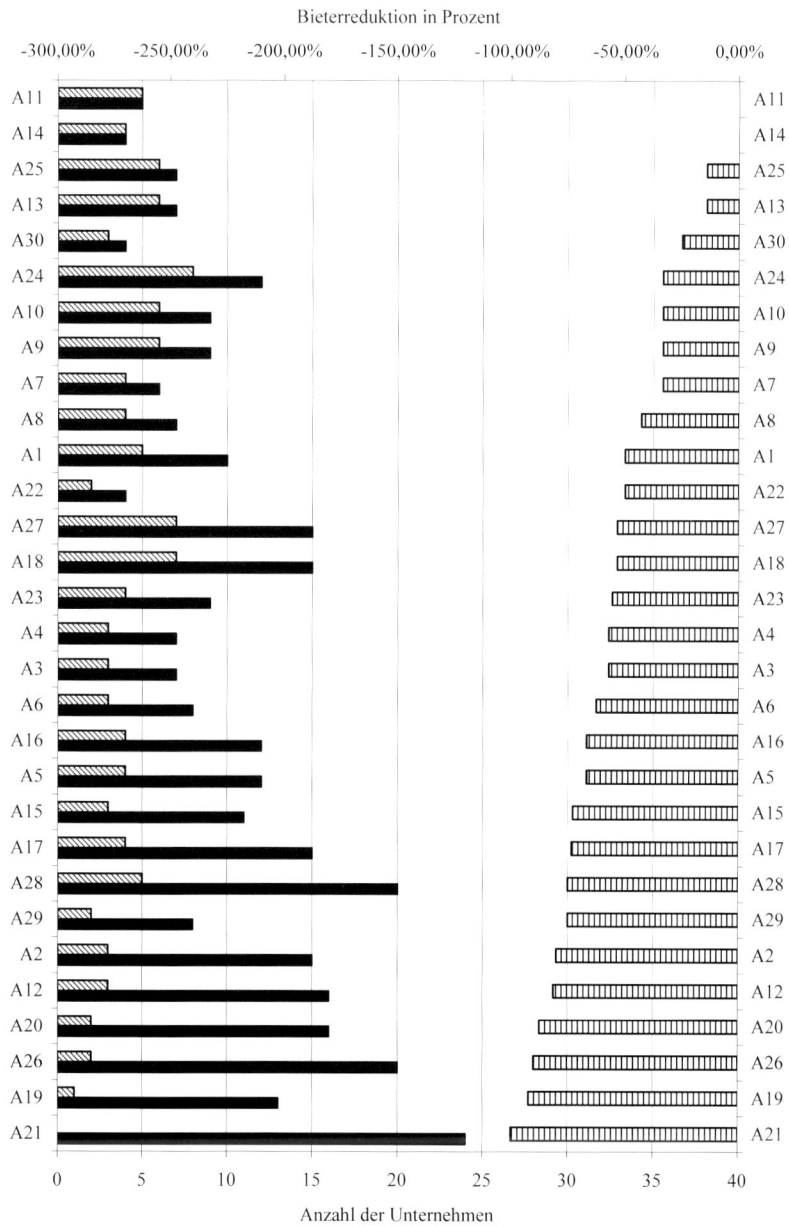

Quelle: Eigene Darstellung

Abbildung 19: Normalverteilungsplot der Residuen

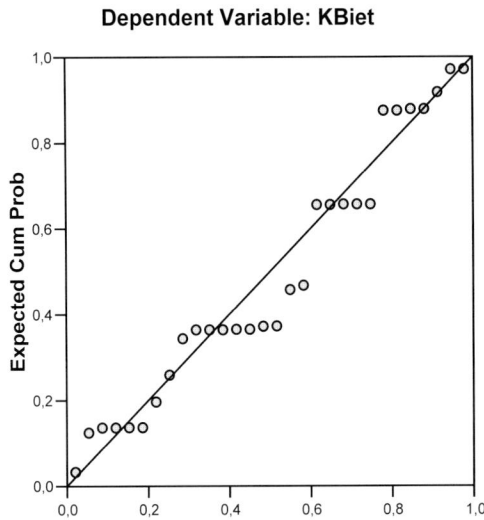

Quelle: Eigene Darstellung mittels SPSS

Ergebnisse der Schätzung[204]

Tabelle 5: Descriptive Statistics

	Mean	Std. Deviation	N
KBiet	3,97	1,866	30
KErlr	,5717	,48400	30
KPrgl	,57	,132	30

Quelle: Eigene Darstellung

Tabelle 6: Model Summary(a)

Model	R	R Square	Adjusted R Square	Std. Error of the Estimate	Durbin-Watson
1	,723(a)	,523	,487	1,336	1,909

a: Predictors: (Constant), KErlr, KPrgl, Dependent Variable: KBiet

Quelle: Eigene Darstellung

Tabelle 7: ANOVA(b)

Model		Sum of Squares	df	Mean Square	F	Sig.
1	Regression	52,773	2	26,386	14,783	,000(a)
	Residual	48,194	27	1,785		
	Total	100,967	29			

b: Predictors: (Constant), KPrgl, KErlr, Dependent Variable: KBiet

Quelle: Eigene Darstellung

Tabelle 8: Coefficients(c) Teil 1

Model		Unstandardized Coefficients		Standardized Coefficients	t	Sig.
		B	Std. Error	Beta		
1	(Constant)	2,003	1,259		1,590	,123
	KErlr	− 1,996	,532	− ,518	− 3,748	,001
	KPrgl	5,403	1,945	,384	2,777	,010

c: Dependent Variable: KBiet

Quelle: Eigene Darstellung

---

[204] Anmerkung: Die Schätzergebnisse wurden mit dem Programm SPSS generiert.

139

Tabelle 9: Coefficients(c) Teil 2

Correlations			Collinearity Statistics	
Zero-order	Partial	Part	Tolerance	VIF
− ,622	− ,585	− ,498	,927	1,079
,524	,471	,369	,927	1,079

c: Dependent Variable: KBiet

Quelle: Eigene Darstellung

Tabelle 10: Collinearity Diagnostics(d)

Model	Dimension	Eigen-value	Condition Index	Variance Proportions		
				(Constant)	KErlr	KPrgl
1	1	2,642	1,000	,01	,04	,01
	2	,337	2,800	,01	,79	,03
	3	,021	11,266	,98	,17	,97

d: Dependent Variable: KBiet

Quelle: Eigene Darstellung

Tabelle 11: Correlations

		KBiet	KErlr	KPrgl
KBiet	Pearson Correlation	1	− ,622(**)	,524(**)
	Sig. (2-tailed)	.	,000	,003
	N	30	30	30
KErlr	Pearson Correlation	− ,622(**)	1	− ,271
	Sig. (2-tailed)	,000	.	,148
	N	30	30	30
KPrgl	Pearson Correlation	,524(**)	− ,271	1
	Sig. (2-tailed)	,003	,148	.
	N	30	30	30

** Correlation is significant at the 0.01 level (2-tailed).

Quelle: Eigene Darstellung

Abbildung 20: Linearer und quadratischer Zusammenhang Bieter zu Fahrzeuge (transformiert)

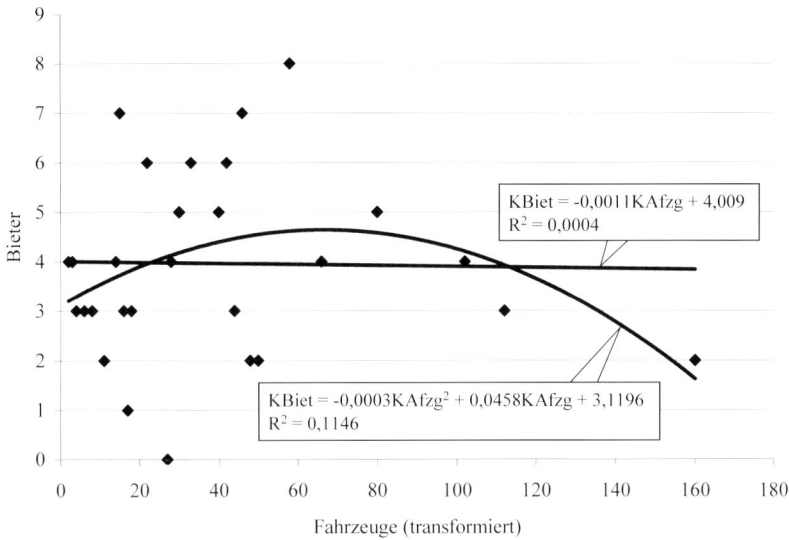

Quelle: Eigene Darstellung

Abbildung 21: Linearer und quadratischer Zusammenhang Bieter zu Zugkm

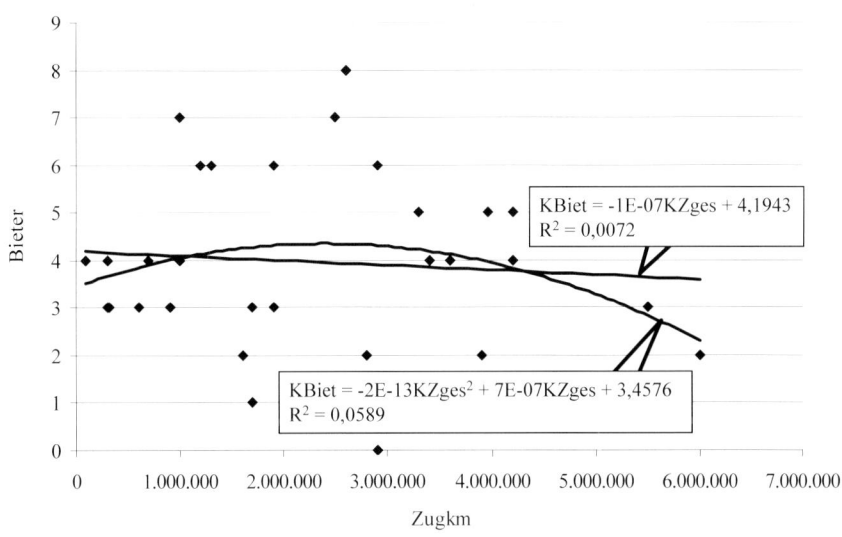

Quelle: Eigene Darstellung

Abbildung 22: Linearer und quadratischer Zusammenhang Vertragslaufzeit zu Bieter

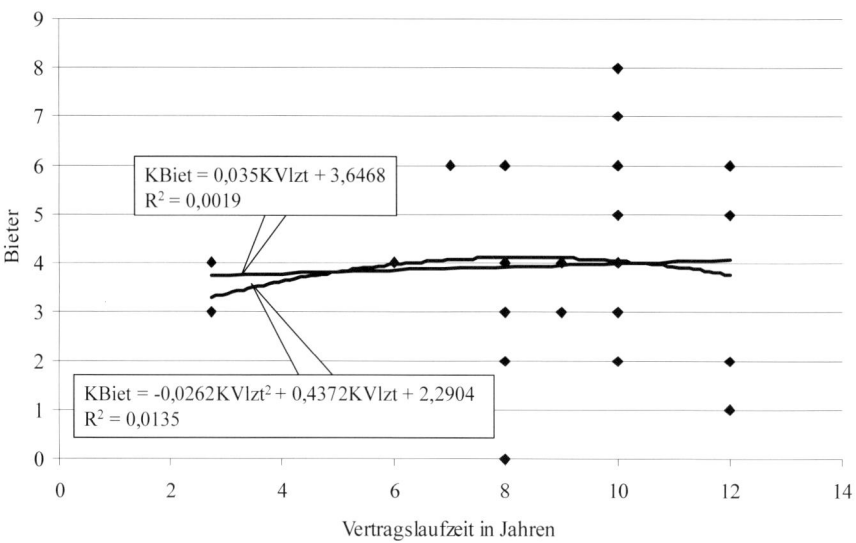

Quelle: Eigene Darstellung

142

Abbildung 23: Zusammenhang Zugkm und angebotene Vertragslaufzeit

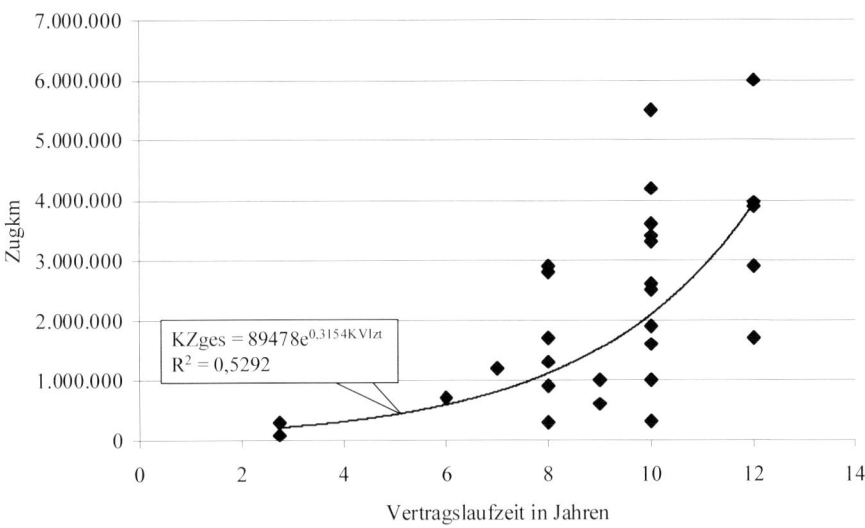

Quelle: Eigene Darstellung

Abbildung 24: Verteilung der Fristen

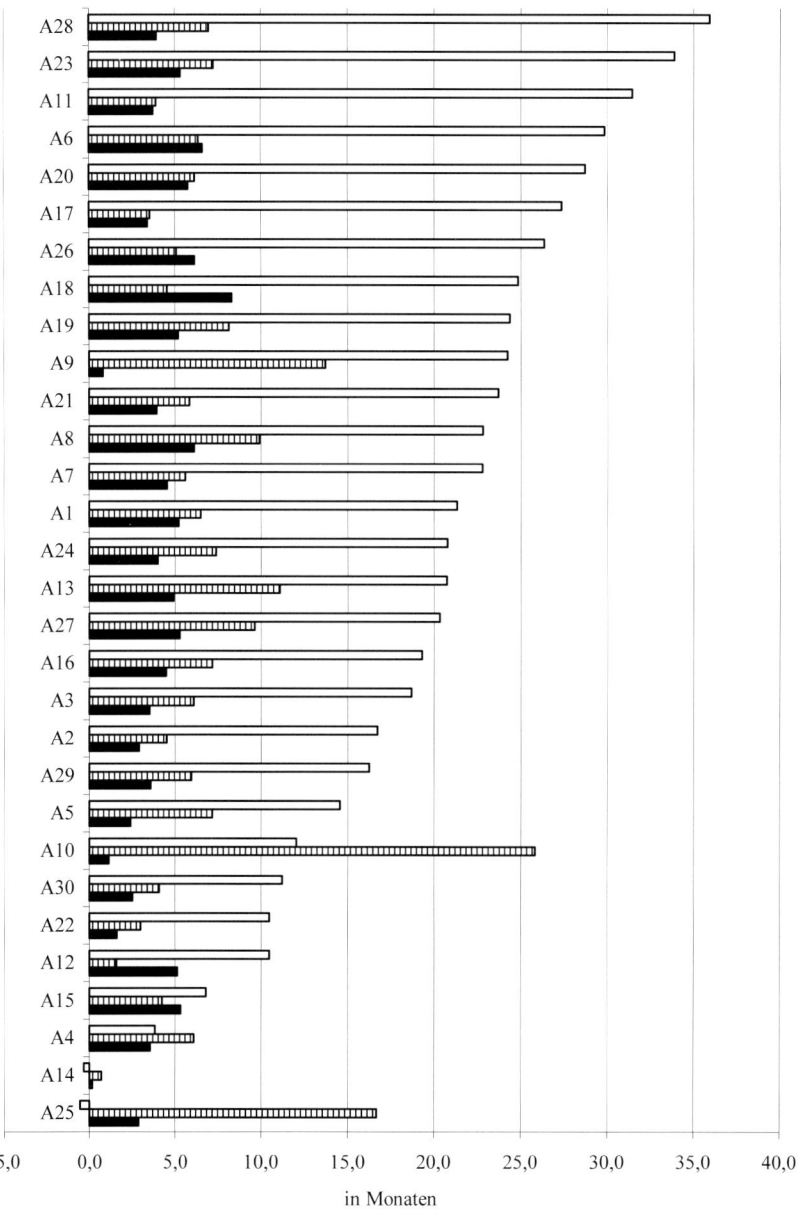

in Monaten

■ Angebotsfrist ▥ Bindefrist ☐ Betriebsvorbereitungszeit

Quelle: Eigene Darstellung

Abbildung 25: Zusammenhang Zugkm und Betriebsvorbereitungszeit

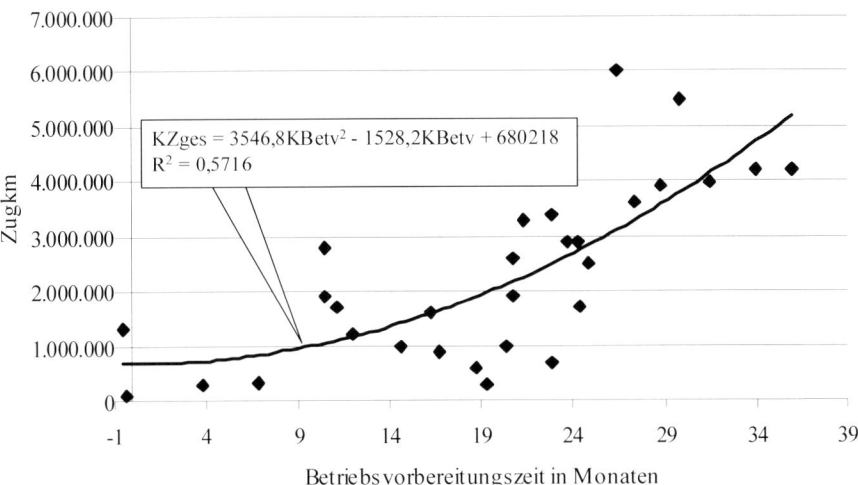

Quelle: Eigene Darstellung

Abbildung 26: Handlungsempfehlungen für Aufgabenträger

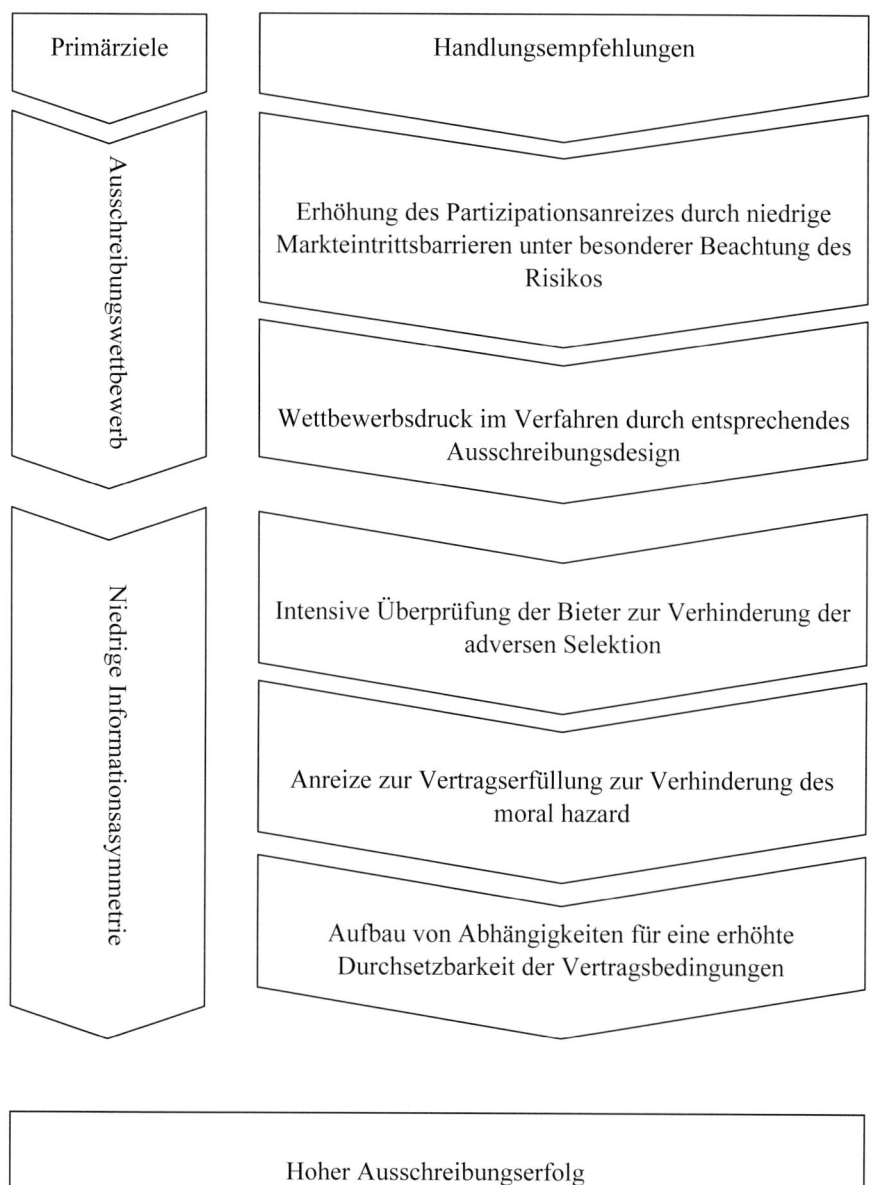

Quelle: Eigene Darstellung

Literaturverzeichnis

Akerlof, George A. (1970), „ The Market for 'Lemons': Quality Uncertainty and the Market Mechanism ", *The Quarterly Journal of Economics*, 84, 3, S. 488 – 500

Auer, Ludwig von (2003), „ Ökonometrie ", Springer-Verlag, Berlin

Backhaus, Klaus, Bernd Erichson, Wulff Plinke und Rolf Weiber (2003), „ Multivariate Analysemethoden ", Springer-Verlag, Berlin

BAG-SPNV (2007), „ Betriebsleistungen im SPNV in Deutschland ", Stand: 29.05.2007

Bain, Joe S. (1956), „ Barriers to New Competition – Their Character and Consequences in Manufacturing Industries ", Harvard University Press, Cambridge

Bartosch, Andreas und Krzysztof Jaros (2005), „ Die Regulierung des Eisenbahnbahnwesens in Deutschland – Eisenbahn-Bundesamt vs. Bundeskartellamt? ", *Wirtschaft und Wettbewerb*, 55, 1, S. 15 – 28

Baum, Herbert, Heiko Peters, Jutta Schneider, Volker Schott, Roman Suthold und Marian Krempin (2003), „ Anreize und Instrumente zur Effizienzförderung im öffentlichen Personennahverkehr ", *Zeitschrift für Verkehrswissenschaft*, 74, 2, S. 88 – 114

Beck, Arne, Derek Ladewig und Ingo Kühl (2007), „ Liberalisierung im Schienenverkehr - Ergebnisse des Ausschreibungswettbewerbs in Hessen und Schleswig-Holstein und Folgerungen für die Schweiz ", in: Aymo Brunetti und Sven Michal (Hrg.): *Services Liberalization in Europe: Case Studies,* Strukturberichterstattungen des Staatssekretariat für Wirtschaft Nr. 35/1, S. 219 – 305

Beck, Arne und Ingo Kühl (2007), „ Germany's contrasting approaches to competitive tendering ", *Railway Gazette International*, 12, 2007, S. 780 – 782

Bennemann, Stefan und Bernd Wölfel (2004), „ Qualität mit Methode – Eurobahn als erstes deutsches Eisenbahnverkehrsunternehmen nach DIN EN 13816 zertifiziert ", *Der Nahverkehr*, 22, 1-2, S. 30 – 35

Berschin, F. und F. J. Anders (2002), „ Lex DB im Handumdrehen – Ende der Ausschreibungspflicht im SPNV? ", *Bahn-Report*, 20, 6. S. 8,

Bester, Helmut (2003), „ Industrieökonomik ", Springer-Verlag, Berlin

Blankart, Charles B. (2001), „ Öffentliche Finanzen in der Demokratie – Eine Einführung in die Finanzwissenschaft ", Verlag Franz Vahlen, München

Blankart, Charles B. (2002), „ Daseinsvorsorge ökonomisch betrachtet ", *Zeitschrift für Wirtschaftspolitik*, 51, 1, S. 28 – 41

Boettger, Christian (2002), „ Privatisierung auf Australisch – Das Ausschreibungsverfahren des Nahverkehrssystems in Melbourne ", *Der Nahverkehr*, 20, 12, S. 54 – 59

Borrmann, Jörg und Jörg Finsinger (1999), „ Markt und Regulierung ", Verlag Franz Vahlen GmbH, München

Borrmann, Matthias (2003a), „ Ausschreibungen im Schienenpersonennahverkehr – Eine ökonomische Analyse auf Basis der Vertrags- und Auktionstheorie ", in: Hartwig, Karl-Hans (Hrg.), *Beiträge aus dem Institut für Verkehrswissenschaften an der Universität Münster*, 152, Vandenhoeck & Ruprecht, Göttingen.

Borrmann, Matthias (2003b), „ Ausschreibungen und Verkehrsverträge im SPNV - Was sagt die ökonomische Theorie? ", *Der Nahverkehr*, 21, 10, S. 8 – 15

Bracher, Tilman, Volker Eichmann, Gerd Kühn und Michael Lehmbrock (2004), „ÖPNV im Wettbewerb – Management Planspiel in der Region Berlin ", in: Deutsches Institut für Urbanistik (Hrg.), *Difu-Beiträge zur Stadtforschung*, 39, Berlin

Bremer, Eckhard und Christoph Wünschmann (2004), „ Die Pflicht der Aufgabenträger zur Vergabe von SPNV-Leistungen im Wettbewerb – Vergaberechtliche und beihilferechtliche Grundlagen ", *Wirtschaft und Verwaltung*, Jahrgang 2004, 1, S. 51 – 64

Brosius, Felix (2002), „ SPSS 11 ", mitp Verlag, Bonn

Casson, Mark (2004), „ The future of the UK railway system: Michael Brooke's Vision ", *International Business Review*, 13, S. 181 – 214

Chadwick, E. (1859), „ On different principles of legislation and administration ", *Journal of the Royal Statistical Society*, 22, S. 381 – 420

Coase, R. H. (1937), „ The Nature of the Firm ", *Economica*, 4, 16, S. 386 – 405

Corneo, Giacomo (2002), „ Aufgabenregulierung im Allgemeininteresse am Beispiel des ÖPNV ", in: *Liberalisierung im öffentlichen Personennahverkehr – Referate der Tagung des Wissenschaftlichen Beirats der Gesellschaft für öffentliche Wirtschaft am 14. Februar 2002 in Berlin*, Gesellschaft für öffentliche Wirtschaft (Hrg.), Berlin

Demsetz, Harold (1968), „ Why Regulate Utilities? ", *The Journal of Law & Economics*, 11, 4, S. 55 – 65

Deutsche Bahn AG (2004a), „ 1994 bis 1999 – Jahre des Umbruchs ", Berlin

Deutsche Bahn AG (2004b), „ Geschäftsbericht 2003 ", Berlin

Deutsche Bahn AG (2004c), „ Wettbewerbsbericht 2004 ", Berlin

Deutsche Bahn AG (2008), „ Wettbewerbsbericht 2008 ", Berlin

Deutscher Bundestag (2008), „ Zukunft der Bahn, Bahn der Zukunft – Die Bahnreform weiterentwickeln ", Antrag der Fraktionen der CDU/CSU und der SPD, Bundestagsdrucksache Nr. 16/9070 vom 7.05.2008

Eger, Thomas (1995), „ Eine ökonomische Analyse von Langzeitverträgen ", Metropolis-Verlag, Marburg

Eiermann, Rudolf (1997), „ Rechtsbeziehungen im Schienenpersonennahverkehr (SPNV) zwischen Aufgabenträgern, Dienstleistungserbringern und Fahrwegbetreibern ", in: Püttner, Günter (Hrg.), *Der regionalisierte Nahverkehr*, Nomos Verlagsgesellschaft, Baden-Baden

Ende, Lothar und Jan Kaiser (2004), „ Wie weit ist die Liberalisierung der Schiene? – eine Bestandsaufnahme über die Marktöffnung auf dem Eisenbahnsektor ", *Wirtschaft und Wettbewerb*, 54, 1, S. 26 – 37

Engel, Rainer (2003), „ Hochachtung vor dem Drahtseilakt – Hintergründe der Flex-Insolvenz ", derFahrgast – *Pro Bahn Zeitung*, Jahrgang 2003, 4, S. 5 – 12

Fearnley, Nils, Jon-Terje Bekken and Bard Norheim (2004), „ Optimal performance-based subsidies in Norwegian intercity rail transport ", *International Journal of Transport Management*, 2, S. 29 – 38

Fees, Eberhard (1997), „ Mikroökonomie – Eine spieltheoretisch- und anwendungsorientierte Einführung ", Metropolis-Verlag, Marburg

Fees, Eberhard (2000), „ Mikroökonomie – Eine spieltheoretisch- und anwendungsorientierte Einführung ", Metropolis-Verlag, Marburg

Fisher, Franklin M. (1979), „ Diagnosing Monopoly ", *Quarterly Review of Economics and Business*, 19, 2, S. 7 – 33

Forsthoff, Ernst (1938), „ Die Verwaltung als Leistungsträger ", W. Kohlhammer Verlag, Stuttgart

Frasch, Michael (2003), „ Schwarzwaldbahn ", *Bahn-Report*, 21, 4, S. 67

Fuest, Winfried, Rolf Kroker und Klaus-Werner Schatz (2001), „ Die wirtschaftliche Betätigung der Kommunen und die Daseinsvorsorge ", *Beiträge zur Wirtschafts- und Sozialpolitik*, 269, 8, Deutscher Instituts-Verlag, Köln

Gagnepain, Philippe und Marc Ivaldi (2002), „ Incentive regulatory policies: the case of public transit systems in France ", *RAND Journal of Economics*, 33, 4, S. 605 – 629

Gandenberger, Otto (1961), „ Die Ausschreibung ", Quelle & Meyer, Heidelberg

Göbel, Elisabeth (2002), „ Neue Institutionenökonomik – Konzeption und betriebswirtschaftliche Anwendungen ", Lucius & Lucius Verlagsgesellschaft, Stuttgart

Gorter, Marc, Hans Joachim Rönnau, Bernd Plath und Jan Werner (2001), „ Weiche Angebotsmerkmale im ÖPNV – Ihre Bedeutung für Ausschreibung und Vertragsgestaltung ", *Der Nahverkehr*, 19, 6, S. 14 – 19

Gujarati, Damodar N. (1995), „ Basic Econometrics ", McGraw-Hill, Inc., New York

Hensher, David A. und Erne Houghton (2004), „ Performance-based quality contracts for the bus sector: Delivering social and commercial value for money ", *Transportation Research Part B*, 38, S. 123 – 146

Hill, R. Carter, William E. Griffiths und George G. Judge (2001), „ Undergraduate Econometrics ", John Wiley & Sons, Inc. Danvers

Holzhey, Michael, Henning Tegner und Felix Berschin (2004), „ Wettbewerb im Schienenverkehr – Kaum gewonnen, schon zerronnen? Erster unternehmensneutraler Wettbewerbsbericht ", MehrBahnen – Vereinigung für Wettbewerb im Schienenverkehr e.V. (Hrg.)

IBM Global Business Services und Christian Kirchner (2007), „ Liberalisierungsindex Bahn 2007 – Marktöffnung: Eisenbahnmärkte der Mitgliedstaaten der Europäischen Union, der Schweiz und Norwegens im Vergleich ", Studie im Auftrag der Deutschen Bahn AG

Jensen, Michael C. und William H. Meckling (1976), „ Theory Of The Firm: Managerial Behavior, Agency Costs And Ownership Structure ", *Journal of Finanacial Economics*, 3, S. 305 – 360

Kagel, John H. und Dan Levin (2002), „ Common Value Auctions and the winner's curse ", Princeton University Press, Princeton

Kain, Peter (2006), „ The Pitfalls in Competitive Tendering: Addressing the Risks Revealed by Experience in Australia and Britain ", Paper presented at the ECMT workshop: Competitive tendering of rail passenger services, 12.01.2006, Paris

Karl, Astrid (2002), „ Öffentlicher Verkehr im künftigen Wettbewerb – Wie ein inkonsequenter Ordnungsrahmen und überholte Finanzierungsstrukturen attraktive öffentliche Angebote verhindern ", WZB, Forschungsschwerpunkt Technik, Arbeit, Umwelt, Abteilung: Organisation und Technikgenese

Karl, Astrid (2004), „ Öffentliche Leistungen in der Ära der Liberalisierung – Das Beispiel des Öffentlichen Personennahverkehrs (ÖPNV) ", *Internationales Verkehrswesen*, 56, 1+2, S. 20 – 24

Krishna, Vijay (2002), „ Auction Theory ", Academic Press, San Diego

Laatz, Wilfried (1993), „ Empirische Methoden ", Verlag Harri Deutsch, Frankfurt

Laeger, Joachim (2004), „ Wettbewerb und Regionalisierung im SPNV – Ein Handbuch ", Röhr-Verlag für spez. Verkehrsliteratur, Krefeld

Laffont, Jean-Jacques und Jean Tirole (1993), „ A Theory of Incentives in Procurement and Regulation ", The MIT Press, Cambridge

Lalife, Rafael und Armin Schmutzler (2007), „ Entry in Liberalized Railway Markets: the German Experience ", Working Paper 0609 of the Socioeconomic Institute (University of Zurich), Zurich

Larsen, Odd (2001), „ Designing Incentive Schemes for Public Transport Operators in Hordaland County, Norway ", Working-Paper

Laux, Helmut (1990), „ Risiko, Anreiz und Kontrolle ", Springer-Verlag, Heidelberg

Lazear, Edward P. (1998), „ Incentive Contracts ", in: *The New Palgrave – A Dictionary of Economics*, Eatwell, John, Murray Milgate und Peter Newman (Hrg.), Macmillan Reference Ltd, London

Lehmann, Carsten (1999), „ Gestaltungsoptionen bei Ausschreibungen gemeinwirtschaftlicher Leistungen im Schienenpersonennahverkehr ", in: Hartwig, Karl-Hans (Hrg.), *Neuere Ansätze zu einer effizienten Infrastrukturpolitik, Beiträge aus dem Institut für Verkehrswissenschaften an der Universität Münster*, 148, Vandenhoeck & Ruprecht, Göttingen

149

Lehmann, Carsten (2000), „ Effiziente Koordination von Verkehrsleistungen im Öffentlichen Personennahverkehr – Eine mikroökonomische Analyse ", in: Hartwig, Karl-Hans (Hrg.), *Beiträge aus dem Institut für Verkehrswissenschaften an der Universität Münster*, 150, Vandenhoeck & Ruprecht, Göttingen

Lux, Torsten (2003), „ Fahrzeugpools im SPNV: Aufgabe von Staat oder Markt? – Zur Ausgestaltung betreiberneutraler Fahrzeugpools im SPNV ", *Der Nahverkehr*, 21, 11, S. 8 – 14

LVS Schleswig-Holstein Landesweite Verkehrsservicegesellschaft mbH (2003), „ Zweiter Landesweiter Nahverkehrsplan für den Schienenpersonennahverkehr in Schleswig-Holstein (LNVP 2003 – 2007) ", Ministerium für Wirtschaft, Arbeit und Verkehr des Landes Schleswig-Holstein (Hrg.), Kiel

LVS Schleswig-Holstein Landesweite Verkehrsservicegesellschaft mbH und Nord-Ostsee-Bahn GmbH (2004), *StreckenSchnack*, 4, 1

Mankiw, N. Gregory (2004), „ Grundzüge der Volkswirtschaftslehre ", aus dem amerikanischen Englisch übertragen von Adolf Wagner und Marco Herrmann, Schäffer-Poeschel Verlag, Stutgart

Marx, Fridhelm (2003), „Vergabe von Aufträgen im SPNV – Zur Geltung des Vergaberechts und zu den Zielen der geänderten Vergabeverordnung ", *Der Nahverkehr*, 21, 3, S. 28 – 30

McAfee, Hugo M. Mialon und Michael A. Williams (2004), „ What Is a Barrier to Entry? ", *The American Economic Review*, 94, 2, S. 461 – 465

McCall, J. J. (1970), „ The Simple Economics of Incentive Contracting ", *The American Economic Review*, 60, 5, S. 837 – 846

Monopolkommission (2004), „ Fünfzehntes Hauptgutachten der Monopolkommision 2002/2003 ", Bundestagsdrucksache 15/3610

Müller, Axel (2002), „ Den Betreibern Kreativitätsspielraum lassen – Vergabe von SPNV-Leistungen im Wettbewerb als Chance für das System Schiene begreifen und aktiv umsetzen ", *Internationales Verkehrswesen*, 54, 9, S. 430 – 433

Muren, Astrid (2000), „ Quality Assurance in Competitively Tendered Contracts ", *Journal of Transport Economics and Policy*, 34, 1, S. 99 – 112

Muthesius, Thomas (1997), „ Das mit der Novelle zum Personenbeförderungsgesetz neu eingeführte Rechtsinstitut des Nahverkehrsplans ", in: Püttner, Günter, *Der regionalisierte Nahverkehr*, S. 103 – 114, Nomos Verlagsgesellschaft, Baden-Baden

Palm, Henning (2001), „ Die Verkehrsmärkte in Schweden und Dänemark – Entwicklungen im Ausschreibungswettbewerb ", *KCW-Schriftenreihe Band 1*, Hamburger Verkehrsverbund GmbH Kompetenz Center Wettbewerb (Hrg.), Hamburg

Peter, Benedikt (2008), „ Railway Reform in Germany: Restructuring, Service Contracts and Infrastructure Charges ", vorgelegt als Dissertation an Fakultät VII – Wirtschaft und Management der Technischen Universität Berlin

Popper, Karl (2002), „ Logik der Forschung ", Mohr Siebeck Verlag, Tübingen

Preston, John, Gerard Whelan, Chris Nash und Mark Wardman (2000), „ The Franchising of Passenger Rail Services in Britain ", *International Review of Applied Economics*, 14, 1, S. 99 – 112

Quandt, Sönke (2003), „ Himmelfahrtskommando für NE-Bahnen? – Die NASA schreibt das ‚Nordharz-Netz' aus – eine kritische Betrachtung ", *Bahn-Report*, 21, 4, S. 4 – 9

Reinhold, Tom (2002), „ Der Wettbewerb kommt – aber ist das auch gut so? – Bestandsaufnahme und Trends der Liberalisierung im ÖPNV ", *Der Nahverkehr*, 20, 1 – 2, S. 18 – 22

Richter, Rudolf und Eirik G. Furobotn (2003), „ Neue Institutionenökonomik – Eine Einführung und kritische Würdigung ", übersetzt von Monika Streissler, Mohr Siebeck, Tübingen

Rohwer, Bernd (2002), „ Schleswig - Holstein reaps the benefits of competition ", *Railway Gazette International*, 158, 12, S. 773 – 776

Salanié, Bernard (1997), „ The Economics of Contracts – A Primer ", English translation: Massachusetts Institute of Technology, The MIT Press, Massachusetts

Salop, Steven C. (1979), „ Monopolistic competition with outside goods ", *The Bell Journal of Economics*, 10, S. 141 – 156

Sappington, David E. M. (1991) „ Incentives in Principal-Agent Relationships ", *Journal of Economic Perspectives*, 5, 2, S. 45 – 66

Schaaffkamp, Christoph und Dieter Bayer (2001), „ Vergabe von Dienstleistungsaufträgen im ÖPNV nach PBefG und AEG ", *Wirtschaft und Verwaltung*, Jahrgang 2001, 2, S. 148 – 171

Schmidt, Rüdiger, Frank Schäfer und Wolfgang Seyb (2004), „ Jeder Fahrschein zählt: Einnahmeaufteilung im SH-Tarif – Entwicklung und Einführung eines vertriebsdatengestützten Abrechnungsverfahrens ", *Der Nahverkehr*, 22, 12, S. 29 – 34

Schnell, Mirko C. A. (2001), „ Competition for the German regional rail passenger market 5 years after regionalization ", *Transport Reviews*, 22, 3, S. 323 – 334

Schulz, Christine, Christiane Rumpf und Peter Kowalik (2000), „ Von der Ausschreibung bis zur Vergabe von SPNV-Leistungen – Erfahrungen in Mecklenburg-Vorpommern ", *Der Nahverkehr*, 18, 3, S. 16 – 21

Schulz, Jochen (2005), „ Neues aus der BAG-SPNV ", *nah-sh*, 5, 1, S. 3

Schwarz, Axel (2004), „ Die Länderbahnen – Die Regionalliga der Eisenbahn ", *Internationales Verkehrswesen*, 56, 5, S. 217 – 218

Snethlage, Wolf-Henner (2001), „ Privatisierung durch Ausschreibungsverfahren ", Duncker & Humblot, Berlin

Stier, Winfried (1999), „ Empirische Forschungsmethoden ", Springer-Verlag, Berlin

Tirole, Jean (1995), „ Industrieökonomik ", aus dem Amerikanischen von Ladwig, Roland, Bruno Schönfelder und Peter Seidelmann, Oldenbourg, München

TIS.PT, Consultores em Transpor tes, Inovação e Sistemas, S.A. (2003), „ Maretope Handbook ", in: Europäische Kommission (Hrg.), Managing and Assessing Regulatory Evolution in local public Transport operations in Europe

Varian, Hal R. (2003), „ Intermediate Microeconomics – A Modern Approach ", W. W. Norton & Company, Inc., New York

Vickrey, William (1961), „ Counterspeculation, Auctions, and Competitive Sealed Tenders ", *The Journal of Finance*, 16, 1, S. 8 – 37

Werner, Jan (1998), „ Nach der Regionalisierung – der Nahverkehr im Wettbewerb: Rechtlicher Rahmen, Verantwortlichkeiten, Gestaltungsoptionen ", Dortmunder Vertrieb für Bau- und Planungsliteratur, Dortmund

Werner, Jan und Christoph Schaaffkamp (2002), „ Droht die Re-Verstaatlichung des ÖPNV? ", *Verkehr und Technik*, 12, S. 556 – 561

Werner, Jan und Christoph Schaaffkamp (2003), „ Daseinsvorsorge im Wettbewerb – quo vadis öffentlicher Personennahverkehr? ", in: Libbe, Jens, Stephan Tomerius und Jan Hendrik Trapp (Hrg.), *Liberalisierung und Privatisierung kommunaler Aufgabenerfüllung. Soziale und umweltpolitische Perspektiven im Zeichen des Wettbewerbs, Difu-Beiträge zur Stadtforschung*, 37, Deutsches Institut für Urbanistik, Berlin

Werner, Jan, Christoph Schaaffkamp, Henning Palm, Birte Neumann, Helen Kassner, Sonja Klingenberg, Herbert Jack und Arnd Wilhelm (2000), „ Wettbewerb im Öffentlichen Personennahverkehr ", Rhein-Main-Verkehrsverbund GmbH, Frankfurt

Wewers, Bernhard (1998), „ Ausschreibungen von Leistungen des SPNV in Schleswig-Holstein – Vorbereitung, Vergabeverfahren, Entscheidung – Vergabe in Teillosen ", *Der Nahverkehr*, 16, 7 – 8, S. 8 – 13

Wewers, Bernhard (2004), „ Vom Interregio zum Schleswig-Holstein-Express – Erfahrungen und Lehren aus Sicht eines Aufgabenträgers ", *Der Nahverkehr*, 22, 9, S. 48 – 51

Williamson, Oliver E. (1976), „ Franchise bidding for natural monopolies – in general and with respect to CATV ", *The Bell Journal of Economics*, 7, S. 73 – 104

151

Williamson, Oliver E. (1990), „ Die ökonomischen Institutionen des Kapitalismus – Unternehmen, Märkte, Kooperationen ", Aus dem Amerikanischen übersetzt von Monika Streissler, J.C.B. Mohr (Paul Siebeck), Tübingen

Wilson, Robert (1977), „ A Bidding Model of Perfect Competition ", *The Review of Economic Studies*, 44, 3, S. 511 – 518

Wolfstetter, Elmar (1999), „ Topics in Microeconomic Theory – Industrial Organization, Auctions and Incentives ", Cambridge University Press

Yvrande-Billon, Anne (2004), „ Franchising Public Services – An Analysis of the Duration of Passenger Rail Franchises in Great Britain ", in: Windsperger, Josef, Gérard Cliquet, George Hendrikse und Mika Tuunanen (Eds.), *Economics and Management of Franchising Networks*, Physica-Verlag, Heidelberg

Zimmermann, Horst und Klaus-Dirk Henke (1994), „ Finanzwissenschaft: Eine Einführung in die Lehre von der öffentlichen Finanzwirtschaft ", Verlag Franz Vahlen, München

Verzeichnis der geführten Experteninterviews

Achenbach, Hartmut; Geschäftsbereichsleiter Bestellmanagement der Rhein-Main-Verkehrsverbund GmbH, 4.02.2005

Ahlhorn, Kerstin; zuständige Sachbearbeiterin der Landesnahverkehrsgesellschaft Niedersachsen mbH, 8.02.2005

Bogenschneider; Harnd; zuständiger Sachbearbeiter beim Zweckverband Verkehrsverbund Rhein-Ruhr, 3.02.2005

Carstensen, Carsten; stellvertretender Geschäftsführer der Nord-Ostsee-Bahn GmbH, 1.03.2005

Freund, Kirsten; zuständige Sachbearbeiterin der Nahverkehrsservice Sachsen-Anhalt GmbH, 8.02.2005

Koch, Matthias; zuständiger Sachbearbeiter beim Zweckverband Personennahverkehr Westfalen-Süd, 8.02.2005

Maywald, Günther; Angebotsmanagement Bombardier Transportation GmbH, 23.02.2005

Michelmann, Holger; ehemals Vorstand der Flex Verkehrs-AG, 7.03.2005

Overath, Achim; stellvertretender Geschäftsführer, Zweckverband Verkehrsverbund Ost-Westfalen-Lippe, 7.02.2005

Schaaffkamp, Christoph; Geschäftsführer der KCW GmbH, 27.05.2004

Seyb, Wolfgang; Prokurist der LVS Schleswig-Holstein Landesweite Verkehrsservicegesellschaft mbH, 26.04.2004 und 28.12.2004

Todt, Markus; zuständiger Sachbearbeiter der Nahverkehrsgesellschaft Baden-Württemberg mbH, 8.02.2005

Wewers, Bernhard; Geschäftsführer der LVS Schleswig-Holstein Landesweite Verkehrsservicegesellschaft mbH, 1.10.2004

Stichwortverzeichnis